書店學 Do You Read Me?

愛書人的靈魂窩居，**60**家書店逆勢求生、立足世界的經營之道

Gestalten —— 編著

劉佳澐、杜文田 —— 譯

積木文化

CONTENTS

徜徉書海

書店是我們省思與創造的空間，同時也大幅保護了文化的多樣性。

「你懂我嗎？」（Do you read me?）這個問題我聽過無數次，你一定也是。這是個習慣用語，所以經常被忽略，但同時，它又帶有點急迫感，導致我們無法完全置之不理。其實，我認為這個問句是用來敦促對方表達想法，不要只是盲目接受他人的意見，也不要迴避與自己相左的觀點。而我也認為，這是我們這時代最重要的課題之一。德國柏林就有一間書店以此為店名，想必包含了同樣的意義。

在大時代中，我們都追尋解答，而這本書是一帖良方，能提醒我們要用更宏觀的視野看事情。追尋的過程中，需要一個安靜的地方反思，並找機會接觸各種不同的現實，書店無論在何時何地，都能提供我們這樣的空間。這本書其實可以寫得更多頁，畢竟世上有太多美好的書店了。

沒有任何一間書店，只單純賣書，這就是書店的美好之處。這些店鋪的使命都不只侷限在商業買賣，也沒有將營業額視為最重要的成就。店主人們追逐的不是金錢，而是自己的態度。在經營書店的過程中，店主們皆為守護文化多樣性做出貢獻，積極發揚言論自由、重視機會平等和包容，而沒有去迎合精英階級，很少有其他地方能帶給我們類似的氛圍，即便有，也很難像書店一樣豐富。

本書將介紹六十餘間書店，其中幾間我十分熟悉，每次造訪都是難忘的經歷。我尤其喜歡布宜諾斯艾利斯的各式書香殿堂，去當地時，我一定會安排足夠的時間到雷科萊塔（Recoleta）一帶的聖菲大道（Avenida Santa Fe），去看看「雅典人書店」（El Ateneo Grand Splendid）。《國家地理》雜誌近期才將它列為世上最美的書店，而布宜諾斯艾利斯當地人，更視它為一座文化紀念碑。這間必訪書店不僅壯觀，也是阿根廷首都充滿活力的文化象徵。布宜諾斯艾利斯本身就是一個書香聖地，這家無與倫比的書店還擁有極為忠誠的員工，建築物裡裡外外更是美得驚人；前身是一座開業於一九一九年的劇院，而後改裝為電影院，近二十年則以書店身分敞開大門。雖然經歷了許多結構上的改造，但整座建築依舊保留著最初的特徵與歷史魅力。人們對這個地方如此喜愛，我一點也不意外。

美國紐約百老匯的「思存書店」（The Strand Bookstore）同樣令人印象深刻。這家書店薪火相傳，最早由班傑明‧巴斯（Benjamin Bass）創立於一九二七年，至今仍是巴斯家族所有，他們持續投注心力，穩健而成功地營運著這個品牌。書店周圍罩著巨大的鮮紅色遮陽棚，在店名旁邊，知名美譽「十八英里書廊」的文字清晰可見。我們很難知道所有的書排列起來是否真的有十八英里，但無論如何，我們都能在此遠離都市喧囂、徜徉大片書海，光是這樣，就足以讓人心醉神迷。這間五萬平方英尺（約等於五千平方公尺）的商店裡，陳列著兩百五十幾萬本新書和二手書，人們會在此閱讀、聊天、開懷大笑，並參與各種活動。

書店是交流、發現與創新之處，但它們也永遠不會遺忘歷史。書店為我們，甚至整個社會所做的事，很容易被認為理所當然，有些人甚至覺得書店已經沒有必要存在，畢竟現在科技這麼進步。然而，書店卻比以往更有創造力也更有信心，尤其獨立書店，他們面臨現實壓

力，已開發國家的閱讀力逐年下降，但書店始終運用智慧去力挽狂瀾，一本初衷。

　　我自己出身於書店世家，長輩在德國邊境羅拉赫（Lörrach）創立了波蒂埃韋伯書店（Poltier-Weeber）。實習期間，我曾在赫爾德出版社（Herder Verlag）擔任過業務，大學畢業前，我在弗萊堡的瓦格納大學書 店 工 作（Wagnersche Universitätsbuchhandlung Karl Zimmer）。除了努力賣書，也有許多美好的回憶：和客人聊天、舉辦讀書會或籌備晚會，讓大家一起分享最愛

的書籍。活動結束後，書上經常會留下酒漬，因為總有讀者漫不經心地把杯子放在書本上。

　　如果沒有書店，當今的人文景觀將會大不相同。這本書要向滿懷熱誠、挖掘新聲與發現舊寶藏的書店人致敬，是他們讓這些書得以被讀者看見，也是他們始終敞開著雙手，歡迎整個世界走進他們的店裡。所以，快去逛書店吧！你一定不會失望的。

尤根・伯斯（Juergen Boos）
法蘭克福書展（Frankfurt Book Fair）主席

書店是交流、發現與創新之處，但它們也永遠不會遺忘歷史。

探索的渴望

每間書店都像一座夢幻宇宙，而其中的書籍則宛如點點繁星。

所有曾經踏入獨立書店裡的人，都一定很熟悉這樣的經歷：想要在那浩瀚無垠的書架宇宙中，找到更多不同的書。每本書封裡都是一個全新的世界，就在某座你尚未行經的書架上等待被發掘。

本書是一趟人文之旅，收錄世界上最具啟發性、最出眾及最成功的書店。這些地方曾激盪出各種令人讚嘆的點子、創意和成果。無論是在上海未來風格的書籍殿堂裡，或是特拉維夫的古典寶庫中，又或者在布根地的船上書店，店家和讀者都因為對文字的熱愛，而凝聚在一起。

每本好書都應該搭配一位充滿熱誠的推書夥伴，一個熱愛各種故事的人，他能像好朋友一樣，讓讀者透過一頁又一頁的篇幅，體驗到書中的魅力、謎題、挑戰、鼓舞、啟發、教導、叩問或娛樂。優秀的賣書人一定會知道如何適時推薦最合適的書，並能引導讀者探索未知的領域來拓展視野。正如吉爾吉斯（Kyrgyz）作家欽吉斯・艾特瑪托夫（Chinghiz Aitmatov）所寫：「翻開書頁，就如同開拓自我。」

這本書介紹了各式各樣的書店，有的座落於私人公寓裡，有的位在舊工廠，甚至是在船上，有些店家致力耕耘童書、電影或藝術書籍，也有些專賣海洋、建築或魔法相關的書。此外，還邀請到許多嘉賓特別撰稿，像是暢銷作家珍・坎貝爾（Jen Campbell）分享了她年輕時在書店工作的趣事，商管教練菲歐娜・奇萊凱（Fiona Killackey）及英國《衛報》的圖書線記者愛麗森・費洛德（Alison Flood）也寫下獨立書店的日常挑戰與經營成功的必備要素。重量級的法蘭克福書展主席尤根・伯斯則撰寫了一篇美好的序文。這本書還討論到網路與社群媒體能開啟什麼可能性，在地書店發揮了哪些無可取代的作用，來保存城市的凝聚力和文化永續。

就像所有精采的故事，書店的歷史也正在發生意想不到的轉折。美國獨立書店的數量正在上升，這是二十年來首見的情況。澳洲小書店在與大型連鎖書店的競爭中，成功走出了自己的路，德國和英國各大城市的小

型專業書店也明顯有這樣的趨勢。書店業者正努力將他們的店面轉變成一個在地生活和啟發靈感的地方，透過舉辦閱讀活動、寫作研習和簽書會來豐富他們所在的社區，同時為作者和獨立出版社提供了舞臺。同時，他們也運用一些衍生活動來接觸新的領域，例如小型節日、品酒會和兒童手作等。

書店也與中小學、大學合作，或附設咖啡廳和畫廊，並舉辦音樂演出和發表會。有些則投入社會運動，或擁有獨到的審美，並帶來各種啟發、培養在地關係，這些都是書店生存的養分，也是天職，而書店的盟友則是每一位讀者、那些為世界帶來改變的書籍和作者，以及富有遠見的出版社、圖像藝術家、平面設計師、編輯，或是建築師、商店設計師、房東甚至是政治人物。

更重要的是，每一趟獨立書店之旅，都能帶給我們多元、獨特又真實的歸屬感，並和所有來訪者共同參與一場人文洗禮。

書中介紹到的店家只是一小部分，世上還有更多美好、創新與有膽識的獨立書店，讓我們的社區、城鎮和都市甚至整個世界變得更加豐富。賣書夥伴們極富遠見，日復一日地持續寫下屬於書店的故事，他們充滿熱誠又精心規劃的主題書展和活動，投注心力與獨特觀點，為讀者形塑出珍貴的文化景觀。這本書要獻給你，還有其他探險家，是你們讓書店的旅程持續延伸。

瑪麗安・朱麗亞・史特勞斯（Marianne Julia Strauss）

共同編輯

每一趟獨立書店之旅，都能帶給我們多元、獨特又真實的歸屬感，並參與一場共同的人文洗禮。

Do You Read Me?!
你懂我嗎？

德國·柏林　輝煌時代與耀眼文字

挑戰現狀：本書店專門販售國際刊物和獨立出版書籍。

「我們不會特別去區分書籍、傳統雜誌、時尚刊物或文創小誌，只會看它們適不適合這間店。」馬克說，他和潔西卡在柏林的八月街共同經營這間廣受歡迎的雜誌書店。縱使柏林有這麼多畫廊、酒吧和時髦的咖啡廳，但這家書店的知名度幾乎超越了德國首都本身，成為一座亮眼的當代紙本寶庫。他們的使命，是要讓世界各地的獨立出版品和小眾刊物被廣大讀者看到。

炭黑色書架上陳列的是最新一期《032c》雜誌，旁邊則有非洲各地共同合製的《NICE》以及環保議題雜誌《Atmos》。店內還有各式各樣的書籍，包含強納森‧薩佛蘭‧佛爾（Jonathan Safran Foer）的《拯救氣候》（*We Are the Weather*），以及克里斯托夫‧梅里安出版社（Christoph Merian Verlag）的《瑞士貓梯》（*Architektur fur die Katz—Schweizer Katzenleitern*）。「這幾本都很暢銷。」馬克說。

這位極富遠見的書店經營者二○○一年在柏林成立自己的第一個平面設計工作室，取名為「胚布色」（Greige），那時他就十分陶醉於這座城市和其中的文化氛圍。但即便如此，他總覺得柏林少了一些東西，甚至德國的其他地方也是。「這裡當然也有些專營設計、建築和藝術設計的好書店，比如柏林的『Pro qm』、科隆的『瓦特康尼格』（Walther Konig）和慕尼黑的『沃

有些人認為我們很瘋狂，竟然在紙本媒體
面臨新危機的時候突然踏入這個領域。

上圖：店內各式雜誌一字排開，令人驚
豔，還有少數主題選書。

左圖：「Do you read me?!」書店起源自
業主自己對專業國際雜誌的需求。

右頁：書店致力宣傳世界各地的小型獨立
出版品與雜誌。

納書店』（Werner），但我卻很難在裡面找到國外有趣的雜誌，」他解釋道。「有些朋友和同業在柏林和德國其他地方也發現同樣的問題。到了某個時間點，我開始有了自己經營一間國際雜誌專門店的想法。」機會出現在二〇〇八年。馬克正在為一個客戶開發概念商店，這個案子需要在柏林的米特區（Mitte）做大量田調。「期間我有了很多的想法和印象，於是想著：『要不就現在去做，要不就算了。』於是我問潔西卡，她想不想和我一起開間『一條龍』經營的書店，專賣雜誌和少部分的主題選書。」

潔西卡很喜歡這個主意。她自己本身就是書店工作者，已經在柏林的杜斯曼文化書店（Kulturkaufhaus Dussmann）累積了豐富的營運經驗，並且和馬克一樣熱愛紙本書。「雖然有些人認為我們很瘋狂，竟然在紙

本媒體面臨新危機的時候突然踏入這個領域，但也許正是這些因素，幫助我們快速成為一座國際雜誌聖地。」馬克沉思道。「數位化和全球化當然不會在書店停下腳步，這個世界變化萬千，這無法避免，但最棒的是，像書籍或雜誌這樣的傳播媒介，能幫助我們用不同的眼光看待周遭，每個人都可以按照自己或群體的步調去審視。從這個角度來看，書店和圖書館就像博物館一樣，你會完全沉浸在其中。我認為這是非常有價值的，尤其我們這個時代的變化越來越快速。」

FilBooks 大象書店

土耳其 · 伊斯坦堡

「我就愛大開本攝影書！」一頭大象努力在伊斯坦堡推廣藝文與咖啡。

空間裡瀰漫著咖啡香與剛印刷完的新書味道。在瑟米爾·耶希·岡恩利（Cemre Yeşil Gonenli）的書店咖啡廳裡，牛奶和糖就放在攝影書《為了鳥兒》（*For Birds Sake*）的旁邊。「我的書店是一頭大象。」身兼攝影師、出版工作者和大象書店主人的瑟米爾這麼說。店名「Fil」是土耳其文，也就是「大象」。取這個名字是因為「我們想要創造一座有生命的空間，」他說：「我們試圖賦予這個空間強大的靈魂。」四年前，瑟米爾在伊斯坦堡的時髦地段卡拉柯伊（Karaköy）開了大象書店。現在，這座書店咖啡廳是藝術家、攝影師、咖啡愛好者和愛書人的熱門集散地。當地人和遊客會聚在這裡閱讀、吃早餐，參加作者座談、快閃活動和印刷工作坊。這家咖啡廳除了招牌的「紅絲絨蛋糕」備受推崇，精選的藝術與攝影書籍也是如此，瑟米爾還不斷增加選書量。「大象書店是我夢想中的暫時圖書館，」他說：「因為我都會進自己想買的書，在被客人買走之前，我覺得我暫時擁有它們。」

左圖：眾所周知，書和咖啡是天作之合，大象書店還有美味的蛋糕和烘焙點心。

下圖：湖水綠色的管子貫穿整座書店，象徵大象的身體。

左頁：多年來，書店主人瑟米爾一直在伊斯坦堡的時髦地段卡拉柯伊經營大象書店。

上圖：這兩把鞦韆椅是許多客人夢寐以求的座位，他們也可以在右後方的沙發區窩著看書。

左圖：大象書店除了販售大幅藝術作品和攝影書，也有可愛的小物和文具。

右頁：如果挑點心時有選擇障礙，我們大力推薦吸睛的紅絲絨蛋糕。

LIBRAIRIE IMBERNON
英貝儂書店

法國・馬賽

這間充滿魅力的書店專營建築類書籍，座落於此再適合不過了。

上圖：凱蒂亞在她的建築主題書店旁邊，成立了一間獨立的出版社。

左頁：建築師柯比意透過馬賽公寓（Cite Radieuse）實現了他打造垂直城市的願景。

有句話是這麼說的：「從一個人的住處，可以看出他是什麼樣的人。」這幾乎可以當成英貝儂書店的標語，因為它就座落於聯合國教科文組織（UNESCO）所保護的馬賽公寓。馬賽公寓最初是由瑞士、法國籍建築大師柯比意於一九五二年設計的社會住宅，整座建築全令人驚嘆。「這間獨立的國際書店裡，承載著二十世紀建築、設計和藝術的最佳作品，」凱蒂亞・英貝儂（Katia Imbernon）說。她和丈夫尚盧西安・博尼洛（Jean-Lucien Bonillo）先在二〇〇一年創辦了自己的出版社，一年後，書店也隨之誕生。丈夫還在馬賽國立高等建築學院（Ecole Nationale Superieure d'Architecture de Marseille）擔任講師。

「我們的目標始終是帶給讀者最高品質。這裡是世界各地、各國建築專家與愛好者經常光顧的地方，而我們只需要給予他們一個機會，讓他們可以購買到美麗、限量的出版品、經典作品和新書，還有一些暢銷書籍。」當然，書架上有專屬於柯比意和前衛建築師的位置，此外還收藏了許多其他都市發展和人文學科的相關

LIBRAIRIE IMBERNON 英貝儂書店

上圖：這個受聯合國教科文組織保護的建築地標，至今仍然吸引世界各地的設計愛好者來朝聖。

下圖：凱蒂亞和尚盧西安創立的英貝儂出版社（Editions Imbernon），出版現代建築相關書籍。

左頁：英貝儂出版社主要出版關於二十世紀建築、設計和藝術的作品。

論文、專書和出版物。凱蒂亞最喜歡的書《弗南多·普伊隆：地中海建築》（*Fernand Pouillon—Architecte Mediterraneen*）早已絕版，作者正是她的丈夫尚盧西安。她回憶道，那是他們公司出版的第一本書，柯比意一定會想買。

LIVRARIA DA VILA
維拉書店

巴西・聖保羅　*如翻開書頁般迷人*

在這間書店舉世聞名的設計中，隱藏著一個不可思議的教育使命。

　　維拉書店的書架朝阿拉梅達洛雷納（Alameda Lorena）
的街道敞開，就像通往另一個世界的大門。這間迷人的書店
由明星建築師伊賽・溫菲德（Isay Weinfeld）操刀，在聖保羅
市內和周邊還有好幾間連鎖門市。形成入口的旋轉玻璃書架
廣受來自世界各地的讚譽。根據溫菲德的設計說明，旋轉玻
璃架後方，是綿延的黑色書架，後方襯著溫潤的白色牆面，
還有無數樓梯。書店內部，狹長的開放空間連接著不同的樓
層，呈現出建築的幾何型態。低矮的天花板給人一種置身私
密空間的感受，而寬敞的沙發，則讓讀者享受到令人醉心的
閱讀場所。

　　然而，不僅僅是建築物值得獲獎，這間書店的內涵也十
分豐富。現任老闆山繆・賽貝爾（Samuel Seibel）持續強化他
的教育使命。「我和巴西作家兼漫畫家齊拉多（Ziraldo）聊
到這間店，他現在很受孩子們的歡迎，」他說：「齊拉多告訴
我，『讀書比上學更重要』。他的意思是，如果一個孩子不
讀書或不理解基礎文章，就無法好好上學。對我而言，書籍

對我而言，書籍和教育是相輔相成的。

和教育是相輔相成的。在巴西這樣的國家，我經營書店的動機，是想要為國家的教育發展做出貢獻。」

維拉書店有二十多萬本藏書，還會舉辦許多免費活動，如講座、讀書會和各式各樣的兒童節目。賽貝爾現在聖保羅地區經營一共八間門市，巴拉拿（Parana）還有另外兩間店。一九八五年，奧多・波奇尼（Aldo Bocchini）和米莉亞姆・古韋亞（Miriam Gouvea）創立的第一間維拉書店，當時就已完美融合了文化、教育和設計三個領域。除了溫菲德之外，其他建築師如丹堤・德拉・曼納（Dante Della Manna）和格列葛里・布斯克特（Gregory Bousquet）等也曾經設計過這間連鎖書店的其他門市。每一間門市都是人群集散地和活動場域，同時也用更加人性化的方式發揚願景。「這個科技新世界中，有越來越多人無法過著簡單的生活，」山繆說：「去公園散散步、看一部好電影，或者在書店待一段時間，這些活動對當代糟糕的生活品質來說，都是一種解藥。」獨立書店能帶來平和、寧靜和豐富的故事，這些都只有在書本裡才能找到。「書店就像一座民主與寬容的島嶼。」

CAFEBRERIA EL PENDULO
鐘擺咖啡圖書館

墨西哥·墨西哥城

這間書店的創辦初衷是推動墨西哥城不同社區的文化凝聚力，
如今已經擴展至七間門市。

上圖：不受侷限——巨大的棕櫚樹霸氣地生長在咖啡館的屋頂上。

右頁：店面內部也非常吸睛，書架幾乎延伸到天花板上。

在墨西哥城第七間鐘擺咖啡圖書館的屋頂上，矗立著一顆極具代表的棕櫚樹。愛德華多·艾澤曼（Eduardo Aizenman）和夥伴們的創意也持續蓬勃發展，自一九九〇年代以來，他們原本的私人嗜好，至今已經茁壯成為一座文化機構。愛德華多說，他們一開始的目標，是要打造一個能延續故事的地方。「每次只要局勢波動，無論是政治或是經濟因素，我們的店生意都會特別好。大家似乎在我們的店裡找到安慰，找到家的感覺。」

開放空間和免費活動也提升了社區之間的凝聚力。客人來這裡逛一逛、讀讀書、工作或開會。除了文學、詩歌、哲學、歷史和藝術的經典作品外，店內選書主要集中於西班牙文書籍。每間分店的書籍和活動，都是根據當地社區量身打造的。「書籍是非常緊湊的成長輔助，」愛德華多說：「它們以非常親密的方式，幫助我們無限成長。」

上圖：書架從地板直達天花板，咖啡圖書館是閱讀和工作的最佳場所。

左圖：棕櫚樹筆直向上穿過書店，進入墨西哥城陽光燦爛的天空。

左頁：咖啡圖書館這個名字其來由自，店內附設的咖啡廳正是廣受歡迎的聚會場所。

KOSMOS BUCHSALON
宇宙書沙龍

瑞士・蘇黎世

這間書店位在蘇黎世文化中心的正中央，
讀者選好咖啡或葡萄酒之後，會拿到書店來享用。

宇宙文化中心（Kosmos）是瑞士蘇黎世一個有點獨特的口袋景點，近年才出現在相較冷清的歐洲廣場（Europaallee）和長街（Langstrasse）之間，那裡之前是紅燈區。它最吸引人的地方，就是其中包含了一家藝術電影院、一間法國小酒館和廣受歡迎的書沙龍。「我們位在宇宙文化中心的正中央，各種不同的空間和事物在這裡相互交融和強化，」宇宙書沙龍背後是一個全部由女性組成的團隊，她們如此解釋：「我們的書店就是要衡量時代的精神，店內的書籍透過實際、前所未有或趣味的方式，來講述或揭開這個的時代。」書沙龍讓讀者能從日常瑣事中解脫出來，享受充滿文學性的休憩時間。店面還會定期舉辦藝術晚會、新書發表會和工作坊，深入探討每本書對時代的叩問。愛書的讀者們喜歡在沙龍美好的角落裡，邊喝咖啡或葡萄酒，邊翻閱書籍。每三個月，書店櫥窗裡就會展示一道新的文學謎題。這家書店既屬於整個世界，又與世無爭，或者，正如歌手傑米羅奎（Jamiroquai）所唱：「她很宇宙！」（She's cosmic!）

上圖：宇宙文化中心包含一家藝術影院、一家法國小酒館和一間備受喜愛的書沙龍。

左頁：架上陳設的最新書籍著重於當代文學和令人坐立不安的議題。

KOSMOS BUCHSALON 宇宙書沙龍

上圖：一天不同的時段裡，當讀者在書沙龍的書架之間漫步時，可以一邊享受咖啡或一杯好酒。

左圖：書籍與其中重要的主題能滋養人們的心靈，而附設酒吧則滿足了讀者的實質享受。

左頁：入口處寬廣的樓梯象徵著這個空間內充滿了各式各樣的元素。

31

THE WRITER'S BLOCK
作家角落

美國內華達州‧拉斯維加斯

在世上最大的賭博天堂，這間書店致力推廣教育，還收藏奇特的鳥類，十分迷人。

誰說這裡是文化沙漠？他們一定不知道拉斯維加斯中心這間名「作家角落」的書店。史考特·希利（Scott Seeley）與德魯·柯恩（Drew Cohe）於二〇一四年創辦了這家極具野心的書店。「差不多五年後，在當地的慈善家兼文藝贊助人貝芙麗·羅傑斯（Beverly Rogers）的支持下，我們展店到一個三千多平方英尺的空間，店內擁有超過一萬八千本獨特的書籍，」兩位書店主人說。書店位於第六街，門口處現在還有設有義式咖啡吧，非常適合坐在那裡看書。「作家角落」希望能完成加強教育的使命，也提供免費的創意寫作工作坊、在地旅行和學校課程。史考特在這裡貢獻熱誠，他也是慈善組織 826 National 紐約分會的共同創辦人之一，這個組織由暢銷作家戴夫·艾格斯（Dave Eggers）和教育家妮奈芙·卡萊加里（Ninive Calegari）成立，專門提供各式訓練與寫作課程。「作家角落」書店內部的所有細節都經過精心設計，對於一間要在絢爛城市中生存的獨立書店來說，這至關重要。店內的其中一項元素，就是許多色彩鮮豔又奇特的手工鳥兒。讀者可以用幾塊美金帶一隻回家，每隻都有自己的故事。希利和柯恩知道，既然投身於文學，那絕對不能失敗。

左圖與上圖：鳥兒在哪裡？色彩鮮豔的羽毛出現在書店最細微的小角落。

左頁：德魯（左）和史考特（右）創辦了「作家角落」，現在成功拓展了第二間店。

33

THE WRITER'S BLOCK 作家角落

上圖：在拉斯維加斯，如果太過保留，就不會有立足之地。在這座魅力之城，書店的室內設計一絲不苟，最小的細節都十分精緻。

左圖：鳥兒的主題隨處可見，附設咖啡館的櫃檯外觀就是一座巨大的鳥籠。

左頁：「作家角落」在三千兩百平方英尺的空間裡，藏有一萬八千本書，還舉辦了各式各樣的工作坊。

35

BOOKOFF 停泊書店

波蘭 · 華沙

這家博物館內的書店是波蘭首都一大文化財富，
因為它蘊藏了稀有的藝術書籍，並活躍地舉辦各式藝文活動。

自二〇〇八年創立以來，華沙當代藝術博物館（Warsaw Museum of Modern Art）內的兩間「停泊書店」盛名常駐。博物館的主樓位於潘斯卡街，現在稱為「維斯卡河博物館」（Museum on the Vistula），樓內的書架上陳設著許多藝術、攝影、設計和建築的經典作品和最新書籍。「我們有許多稀有的藝術書，這些書在波蘭其他地方通常買不到，」書店團隊解釋道。二〇一五年開始，團隊也一直致力籌辦華沙藝術書展（Warsaw Art Book Fair），是波蘭最大的藝術書展。書展創辦的第一年，就有大約六十八家當地和國際出版社與藝術家參展，至今數量還在增加。「書店也參與華沙當代藝術博物館籌備的各項專案，並積極參與文化活動，」工作人員說：「二〇〇九年起，停泊書店一直在羅茲設計節（Łodź Design Festival）、波蘭攝影節（Photofestival）、波蘭時裝周（Fashion Week Poland）、華沙書展（The Warsaw Book Fair）與烹飪書展（Culinary Book Fair）等活動中合作和展出。」停泊書店還參與廣受歡迎的年度攝影出版物競賽（Fotograficzna Publikacja Roku），協助網羅年度最佳攝影書籍，繼續在藝術書籍市場發揮自身的優勢。

COOK & BOOK
煮與書

比利時 · 布魯塞爾

這家書店九個主題區的裝潢都非比尋常，並有相應的美食區。

位於布魯塞爾的「煮與書」是一間獨一無二的書店，共有九個主題區。讀者的旅程從蝙蝠俠和奧勃利（Obelix）開始，真人大小的模型就站在漫畫區的入口處。老老少少的讀者坐在中央的公共餐桌旁，翻閱著來自比利時和世界各地的漫畫，從小眾漫畫到日本漫畫都有。讀者還可以自行調節燈光，頭頂上還有各式各樣的漫畫人物跟他們一起閱讀手裡繽紛的頁面。書店加餐廳的概念延伸到店內的八個圖書區和一個音樂區。九個空間中，每一個都附設一間餐廳，提供令人垂涎的午餐和晚餐。這棟樓還是一間出版社的根據地，並擁有全布魯塞爾最大的室外露臺。書店創辦人是黛博拉·德里昂（Deborah Drion）和賽德里克·萊金（Cedric Legein），他們自二〇〇六年以來一直經營著這間店。

一輛真正的 Airstream 露營車在旅遊區閃閃發光，可以租用來辦活動，比如開會、浪漫晚餐或為孩子慶生。各式旅遊指南和冒險小說可以提供讀者下一趟壯遊的靈感。兒童區裡可以看到一座巨大的模型火車組和可愛的貓咪椅，整個空間彷彿一座小型遊樂園。英國文學、自然與藝術區也擁有極富創意的室內設計。

上圖：天花板上漂浮的書籍使這間非凡書店的晚餐搖身一變，成為一場文學活動。

左圖：經典 Airstream 露營車陳設在旅遊區。

左頁：米色調的 Fiat 500 和頂尖的葡萄酒單，是「煮與書」料理區的亮點。

39

上圖：「煮與書」九個主題區域的視覺設計已經達到了最精緻的境界。

左頁：在奇幻的書籍世界中，扶手椅彷彿在提醒，我們仍置身於比利時。

　　想當然，若這間店裡少了專門介紹美食、烹飪和飲食的特別區，也就不會取名為「煮與書」了。「料理區」的裝潢就像一間經典義式餐廳，吸引讀者展開一趟義大利夢幻之旅。

　　在這充滿義大利風情的料理區，復古的 Fiat 500 車款邀請年輕客人試乘，地面與牆面上貼滿了瓷磚，黑色的書架子上則裝飾著大理石和拉丁銘文。大面玻璃窗讓饕客都能看到忙碌的廚房，周圍擺滿了各式品味的烹飪書籍，從經典食譜、蔬食料理到葡萄酒和啤酒專書都

有。此外還有小物、時尚廚房用品和香檳酒瓶，讀者可以一邊翻閱全新的圖文書，一邊將手裡的美酒一飲而盡。

41

COOK & BOOK 煮與書

上圖：英國國旗、沙龍般的氛圍和突如其來的紅茶癮，毫無疑問，這裡是英國文學區。

左圖：英語書架主要是為非法語的讀者設置的。

右頁：色彩鮮豔的座椅、泰迪熊和卡通檯燈讓童書區化身為一座小型遊樂場。

我的賣書人時代

人們說，一日賣書人，終生賣書人，確實如此。

經營書店是個奇怪的工作。突然間，你就要身兼商業經理、魔術師、諮商師、算命師、逗小孩高手、室內設計師，有時甚至是動物管理員。你可能會認為最後一項太誇張了，但在明尼亞波里斯真的有一家名為「撒野大鬧」（Wild Rumpus）的書店，那裡除了書籍之外，你還會遇見他們店內的許多寵物：小貓爾莎，兩隻鸚鵡、兩隻南美栗鼠、一些雪貂，三隻老鼠，分別叫做「誰太太」、「何太太」和「啥太太」（編註：科幻小說《時間的皺摺》中的角色），另外有一隻叫尼爾的雞、一隻墨西哥紅膝蜘蛛，搞不好跟阿辣哥是遠房親戚，牠被取名為「海格」，最喜歡木偶和科幻小說。（編註：「阿辣哥」為《哈利波特》系列小說中，獵場看守人海格的魔法蜘蛛朋友。）

我雖然沒有養紅膝蜘蛛，但在十年的賣書生涯中，也認識了許多店裡的寵物。我工作的第一間書店是愛丁堡書店（Edinburgh Bookshop），你可能已經猜到了，這間店位在蘇格蘭愛丁堡，我在那裡工作的時期，我們只賣童書。這也就表示，爸爸媽媽經常會把孩子留在店裡，然後跑去隔壁的超市，儘管我們總是懇求他們別這麼做。蹣跚學步的小朋友總會試圖爬上書架，這時，我們就得哄他們下來，讓他們坐到聽故事的墊子上，然後再讀精采刺激的冒險故事給他們聽。我們的小助手就是老闆的藍伯格犬，名叫蒂嘉，牠是一隻虎背熊腰的大狗，我們總跟孩子們說，她就是《彼得潘》裡的那隻娜娜，有天晚上店裡沒人的時候，她就這樣從巴里（JM Barrie）筆下的故事裡直接跳了出來。小朋友也總是信以為真，還問我們能不能騎在蒂嘉的背上，像騎小馬一樣，我們只好趕緊回答：不能喔，拜託，謝謝你們。

從事書店工作至今，與孩子互動是我整個職涯中最喜歡的部分。後來，我離開愛丁堡書店，搬到了倫敦，在高門（Highgate）一間名叫「非凡奇事」（Ripping Yarns）的書店上班。這間書店的創辦人西莉亞·米契爾（Celia Mitchell），在巨蟒劇團（Monty Python）的麥可·帕林（Michael Palin）與泰瑞·瓊斯（Terry Jones）幫助下開業。現在書店已經搬家了，但在當時，它看起來就像你會在《哈利波特》中的「斜角巷」裡看到的那種商店，彷彿是用魔法搭建起來，一踏入其中就難以抽身了。我們專精一九三〇年代的童書，也收藏考古學到發酵學等各種圖書。我記得曾經和一位小朋友客人聊天，她問我是不是有其中一個書櫃能通往「納尼亞」（編註：小說《納尼亞傳奇》中的魔法國度）。我連忙說：「不好意思呀，我們的書架沒辦法通到那麼遠的地方。」但我也補充：「書本可以帶你去喔。」這聰明的小女孩嘆了口氣，說道：「沒關係，我們家的衣櫃也沒辦法去納尼亞，爸爸說因為衣櫃是媽媽在 IKEA 買的。」原來是瑞典人故意製造沒有魔法的家具，他們好壞。我喜歡這個想法。

回到書店裡的寵物。非凡奇事書店沒有這些小動物，但曾差點無意間收養了一隻。伊莫琴是個八歲的小女孩，她每個月都會到我們店裡一次，用零用錢買「寄宿學校小說」（boarding-school novel）。有天晚上，她和爸爸一起來逛書店。他們待了大約半個小時，我聽到她問：「爸爸，亨利在哪裡？」當時我驚恐地抬起頭，以為亨利是她的弟弟，他們怎麼會在店裡待了三十分鐘，卻完全沒發現弟弟不見了？但後來我才知道，亨利是她裝在口袋裡那隻雪白色的老公公鼠，牠大概決定要自己在店裡展開偵查了。我一邊想著，這真是童書的好題材，另一方面又擔心自己會不會一腳踩到這隻小老鼠。於是，我和他們一起到處尋找毛茸茸的亨利。牠不在運動書區，也沒有跑去讀犯罪小說，甚至沒有在烹飪

書架上找食物。我們在眼睛所及每一座布滿灰塵的書架後方，焦慮不安地找了好久，過了二十分鐘，終於發現亨利其實根本沒有跑去追尋自由，而是咬破了伊莫琴的上衣口袋內襯，就躲在衣服的夾層裡呼呼大睡，對自己造成的混亂渾然不知。

經營書店並不總是那麼愉快，比如有一次，有個男人在店裡嘔吐，吐在我的鞋子上。不過，令人懷念的時刻也很多。非凡奇事是一間古董書店，那代表我們有很多二手書（而不是有很多魚的書，我不知道為什麼很多人會這麼誤解。）客人能在這裡重溫以前最喜歡的書，我覺得很快樂。「我要找一本藍色封面的書。」他們會這麼說。我不知道為什麼大家要找的書封面都是藍色，永遠搞不懂。或者「扉頁有青蛙的圖」，又或是「書名有『王子』兩個字」。而且通常，最後找到書後，封面可能其實是綠色，扉頁上其實是花而不是青蛙，書名也根本沒有「王子」兩個字……回溯記憶是一件非常有趣的事。有一天，我接到一位女客人的電話，她一直在瀏覽我們網站上的庫存。她看到年輕時收集的一些大自然的故事書，幾十年前，她母親未經她的允許，就在一次清倉大拍賣中把這些書賣掉了。現在，她想買一本給她的孫子。她透過電話付款，而我把書寄給她。第二天，她哭著打來，說我寄給她的書，正是當年被她母親賣掉的那一本，書封上有她姑婆的題字，書角還有一個凹痕，那是她七歲時從樓梯上掉下來時撞凹的。分離了四十年後，她與這本書重逢了。她是在聽廣播時偶然得知這間書店，並瀏覽了我們的網站。雖然書店離她家有兩百英里遠，現在，她的手裡握著童年的一部分。這真是一個超現實的美好時刻。

除了在書店工作，我也寫書，有時是寫關於書店的書。我與世界各地的賣書人交流，在數百間書店裡舉辦活動，就這樣愛上了他們……我是說愛上書店，而不是愛上賣書人——雖然兩者沒有太大差異。

我真的很喜歡逛書店。書店、圖書館有種魔法，稍縱即逝。我有位朋友莎拉‧韓肖（Sarah Henshaw），

我在數百間書店裡舉辦活動，就這樣愛上了他們。

經營書店是個奇怪的工作。
愉悅、怪異又美妙。
能參與其中，我感到很快樂。

在一條狹窄的船上開了一間書店，店裡還養了隻名叫拿破崙‧邦尼帕特的兔子。最初這艘船停泊在英國，現在以法國為基地，並改名為「駁船書店」（Le Book Barge）。而在德黑蘭，如果你在路上攔下一輛計程車，接走你的可能會是「凱塔布拉納書店」（Ketabraneh）。這真的是一間書店，就開在計程車裡面，由夫妻檔麥迪‧亞丹尼（Mehdi Yazdany）與莎維娜‧赫納（Sarvenaz Heraner）共同經營。麥迪負責開車，而莎維娜會在一旁詢問乘客喜歡讀什麼書，一邊從掛在座位、車門、儀表板和窗戶上的書架之間拿出書來。付車費時，你可以同時購買一本書。印尼爪哇島的西蘭村，在全國最活躍的火山附近，里德萬‧蘇魯里（Ridwan Sururi）騎著他馴服的野生馬兒露娜，帶著書途經一個村莊又一個村莊。他的目標是要讓當地人學習閱讀，而他稱把這樣的活動稱為「庫達普斯塔卡」（Kudapustaka），意為「馬兒圖書館」。

我另一個最喜歡的地方就是「圖書小鎮」，這種型態散布在世界各地。有些小鎮失去了主要的收入來源，於是居民聚集在一起，決定將部分的房屋、穀倉和廢棄建築物改造成書店。於是，許多有著溫暖的燈光、堆滿書籍的房間出現在主要街道上，讓他們的小鎮成為各地書迷的熱門必訪之地，前來展開一趟書店之旅。蘇格蘭的威格敦（Wigtown）就是如此，有幾十家書店。比如說，「老花鏡」書店（ReadingLasses）是一間書店咖啡廳，客人還可以在書架之間舉辦婚禮，那兒是人文主義的殿堂。挪威的法雅蘭（Fjarland）是座圖書小鎮，位在歐洲最大的大陸冰川上，賣書人駕著雪橇遞送書籍，底下是厚達六英尺的雪地。日本東京的神田神保町也有七十多間書店，其中許多業者都把書本堆放在建築物外面，還有如「NumaBooks x NAM」這個藝術團體會經營快閃書店，偶爾還會把書本排列成動物的形狀。創意永遠不嫌多。

經營書店是個奇怪的工作。賣書人就像領路人一樣，會打開一扇大門，帶著讀者通往神奇的地方，還要發送地圖、路線指南，有時要給他們一把火炬來照明。這真是一件愉悅、充滿壓力、怪異但又美妙的事情。能參與其中，我感到很快樂。

本文作者珍‧坎貝爾為暢銷書作家與獲獎詩人。她的非虛構作品包含《書店的書》（*The Bookshop Book*）及《書店怪問》系列（*Weird Things Customers Say in Bookshops*）。www.jen-campbell.co.uk

BALDWIN'S
BOOK BARN
鮑德溫的書倉

美國賓州・西切斯特

多年來，世界各地的藏書家不斷前往賓州這座迷人的書倉朝聖。

「鮑德溫的書倉」位於美國賓州夢幻的布蘭迪溫谷（Brandywine Valley）中心地帶，美景如畫。這裡原本是一座穀倉，而如今，大約三十萬二手與稀有的書籍、地圖、精采的收藏品與藝術畫作填滿了整整五層樓。一九三四年，威廉・鮑德溫（William Baldwin）與妻子莉拉開始在德拉瓦州威爾明頓（Wilmington）附近經營一間小小的二手書店。

十二年後的一九四六年，他們舉家搬到了這座歷史悠久的農場，在這裡，他們將以前的擠奶棚改造成了一座獨特的家庭住屋，並將穀倉改造成了一間書店，有幾年間，夫妻倆還在這裡經營著小小的當地歷史博物館。如今，鮑德溫的書倉已經被視為切斯特最棒的祕密聖地之一。整個夏天，宏偉的老樹在農場周圍茁壯生長，讓書倉成為了一個美麗、涼爽的休憩之處。而到了冬天，火苗在質樸的舊木爐裡劈啪作響，除了歡迎讀者，也溫暖了書堆間的走道。每一寸磚牆都散發著美國歷史的氣息，而一本本書籍在此處興奮地等待新主人的到來。

上圖：這裡有三十萬本二手書等待著新讀者。

左頁：鮑德溫的書倉有老樹環繞，老闆也曾在此處經營數年當地歷史博物館。

49

上圖：小心那隻貓！書籍和來訪的小動物一同待在這座舊穀倉裡。

左圖：過往農舍建築的結構至今仍清晰可見。

左頁上、下：鮑德溫的書倉是切斯特最受喜愛又最奇特的景點之一。

BART'S BOOKS
巴特圖書

美國加州・奧海鎮

大量的圖書與友善的風格，讓這裡成為美國最受歡迎的露天書店。

這家書店的故事就像它所處的環境一樣迷人，也就是那陽光明媚的加州。理查·「巴特」·巴丁斯代（Richard "Bart" Bartinsdale）一直是位充滿熱誠的藏書家。一九六〇年代初，他的藏書量越來越大，索性在街上組裝了幾個書架，把要出清的書放在上面。巴特沒有使用收銀機，而是在貨架上擺了幾個舊咖啡罐。路過的人找到想要的書，就會把適量的零錢放進罐子裡。現在的作法雖然不完全一樣，但是「巴特圖書」已經成為美國最受歡迎的露天書店。無數當地居民和遊客蜂擁至奧

海鎮西馬蒂利亞街與加拿大街的交接處，來到這處迷人的戶外書櫃。人們認為巴特大約轉手過一百萬本書，從三十五美分的小平裝本，到罕見的初版書，再到價值幾千美元的藝術書籍都有。如今，麥特·亨利克森（Matt Henriksen）是負責經營巴特圖書的總經理，而就如同巴特，他也是一個不折不扣的書迷。「書是無數的點子與理想，收集和記錄下人類的經驗。」他說。麥特的選書眼光毫不偏祖，通俗小說、詩歌和哲學，在這裡全都享有同等待遇。

上圖：這間書店一開始是幾個堆滿舊書的書架，現在成為全美國最大的露天書店之一。

左頁：棕櫚樹、燦爛的陽光和書本，一個完美下午所需要的一切都在這裡了。

上圖：西馬蒂利亞街與加拿大街交接處的綠色擋板後面，粗估有一百萬本藏書。

左頁：在巴特圖書消費，只需將適量的金額投進架上的咖啡罐即可。

古書、新書和破舊的平裝書排滿巴特圖書那迷宮般的走道。「賣書最難得的，是能助人改變對生命的看法，」這位賣書人說：「曾有一位客人原本是演員，後來她消失一段時間，隔年又再次出現時，她告訴我，我推薦的一本詩集改變了她的人生。她在西岸旅行，讀那位作者的詩，現在她也成了詩人。賣書真是美妙的負擔。」

SCARTHIN BOOKS
史卡辛書店

英國 · 克羅姆福德

擁有忠實顧客與經驗豐富的團隊，這家隱密的書店已默默經營了四十多年。

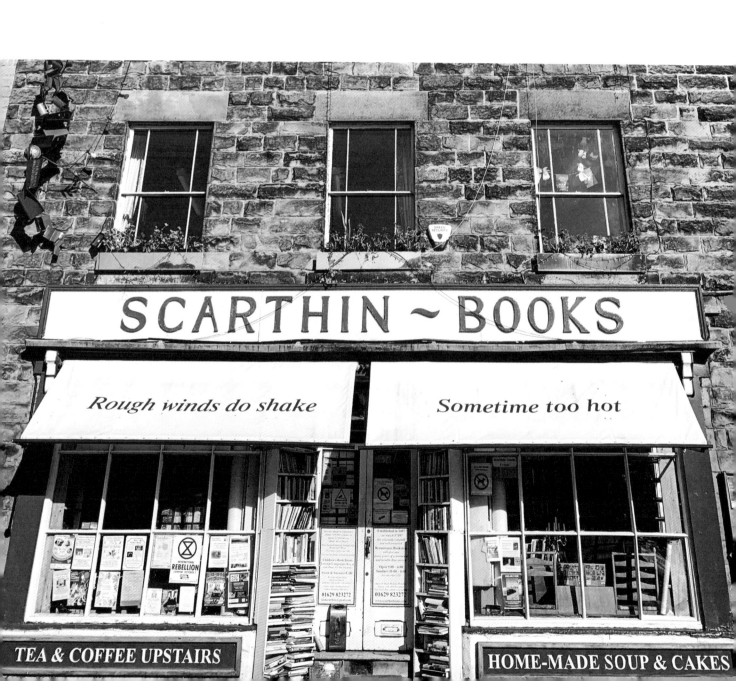

左圖：創辦人戴夫深情地將史卡辛圖書形容成一座博物館，客人在這裡買到的都是藝術。

下圖：現任總經理大衛（右）帶領的年輕團隊經營著這家小書店。

左頁：這座名叫克羅姆福德的小村莊裡有座磨坊池塘，而一旁古典優雅的建築物看起來就像是直接從維多利亞小說中搬出來的。

史卡辛書店可不是一間尋常的店，認真瀏覽書架的讀者，會刻意造訪克羅姆福德村（village of Cromford），來到這段濱海小步道上。「我們很感激他們的到來，」負責營運這間精緻書店的大衛・布克（David Booker）說。史卡辛書店的老闆是戴夫・米切爾（Dave Mitchell），他於一九七〇年代在自己的房子裡創辦了這間書店，現在已經退休。戴夫說，史卡辛書店就像一座「能讓遊客把藝術品帶回家的博物館」。忠實的常客們經常如此，事實上，他們非常喜歡這間舒適的小店，喜歡到透過群眾募資來贊助這座房屋的翻修工程。「我們並不完美，而且遠非如此。這裡的進書量經常很大，我們可能會有點凌亂，所以找書的時候，就彷彿是尋寶一樣。但我們會盡最大的努力經營。」雖然這間店的位置偏僻，但銷售額一直在增長，這個事實證明了布克經營有方。店內的藝術空間有把舒適的扶手椅，上頭總是坐著客人，而店裡舉辦活動的時候，也往往引起廣大迴響。大衛熱情地說，他們的蔬食餐點也很受歡迎。「在這裡喝杯咖啡、吃塊蛋糕、聊聊天，」他說：「還有什麼比這更好的呢？」

THE BOOK BARGE
駁船書店

法國・尼弗奈運河　在愛書之船上漂浮

逃離現實，帶著一本書去旅行吧！這間漂浮的書店沿著運河賣書，
保證百分之百遠離塵囂。

右圖：莎拉那迷人的駁船書店沿途停靠在偏遠的鄉間。

左頁：這間漂浮的書店裡，是文學書籍與個人物品的繽紛組合。

　　駁船書店正逆流而上，或更準確地說，逆著所謂的「亞馬遜」潮流前進，莎拉眨眨眼睛，如此強調。誠如字面上的意思，她這艘漂浮的書店，幾乎方方面面都與目前最大的網路書店相左。「二〇一一年，許多其他獨立書店因為網路和連鎖店激進的折扣而被迫倒閉時，我就駕著船在英國的水路上進行了六個月的實驗旅行，試圖讓人們重新審視書的價值。」這位賣書人說：「當時，駁船書店完全不適合居住，因為這艘迷人的船上被裝滿了書，沒有浴室、廚房或床。」

　　航程中，莎拉用船上的文學出版品換取食物和住宿：「最新的精裝本換來一頓家常菜，一疊二手兒童百科全書則換到一張多餘的沙發，讓我晚上有地方睡覺，」她回憶道。「倫敦幾個星期令人振奮，我甚至能夠寫一串冗長的購物清單交給客人，過一陣子他們就帶著收據和袋裝的物品來跟我換書。以往人們能接受的金錢價值只有單一貨幣，這趟旅行不僅對這樣的觀念做出有益的導正，在其他方面也很具有突破性。因為它教會了我，書籍是通往新友誼和新體驗的大門，不只是書中有一個新世界，透過把書傳遞給下一位讀者這樣簡單的行為，就能展開全新旅程。」

　　當然，駁船書店的選書有一定的規則，藏書大致分為成人文學和兒童文學，且無論如何，莎拉都知道每本書擺放的確切位置。無論是客人從某座書架上獲得啟發，又或者只是隨意逛到一些東西，她都會感到很高興。「以前我住在船上時，總是擔心客人會發現衣物或其他令人尷尬的個人物品塞在船桅後面，」莎拉說：「不過，有時候這樣也很刺激！」

我駕著船在英國的水路上進行了六個月的實驗旅行，試圖讓人們重新審視書的價值。

上圖：船上的廚房也是一個舒適的閱讀角落，供愉快的客人們使用。

左圖：駁船書店的選書不斷變化，此外也可以當成支付食宿費用的一種方式。

右頁上、下：莎拉有顆狂野的心，駕駛著六十英尺長的書之船，不斷前往新的港灣，展開新的冒險，對她而言，開一間書店就是要有自己的風格。

　　二〇一六年六月，莎拉駕船經過英吉利海峽，來到法國加萊，最後抵達了波爾多。目前這艘船就停靠在此。「我是自己命運的主人，是自己靈魂的船長。」她引用詩人威廉・歐尼斯特・亨利（William Ernest Henley）的詩句。「經營一間六十英尺長的浮動書店，大概就是這種感覺。這兩句話帶有不屈不撓的精神，讓我至今仍然毫不動搖。」

擁有自己的書店是風格的極致展現。

BOKIN 博金書店

冰島 · 雷克雅維克

在冰與火之島上，一家小小的舊書店擔綱冰島的文化大使。

隔著書店櫥窗上的冰霜紋路，瞥見了《艾達》（*Edda*）和《大白熊之地》（*In the Land of the Great Snow Bear：A Tale of Love and Heroism*），我們確實來到了冰島。前者是一本當地的傳統史詩，而後者則是冒險家威廉·高登·史戴伯（William Gordon Stables）的作品。自一九六四年以來，博金書店一直在雷克雅維克郊區，販售古典文學和稀有的古書。除了忠實顧客之外，這家小小的古書店還會供貨給冰島和國外的圖書館與博物館。許多音樂家、藝術家和時裝設計師都是這家店的粉絲，他們喜歡逛逛擁擠的書架，或在舒適的走道間拍照。經歷了幾次所有權變更後，艾里·吉斯利·布拉加森（Ari Gisli Bragason）現在愉快地擔任這間店的老闆。而艾瑞克·奧古斯特·格茲永松（Eirikur Agust Gudjonsson）是他忠實的員工之一。「我們的店其實不斷變化著。」他說。沒關係，那正是這間書店如此美妙的原因。

右圖：冰島專家艾瑞克在這家迷人的書店工作了多年。

左頁：雖然看起來很亂，但書店團隊真的知道每本書的準確位置。

BACK OF
BEYOND BOOKS
翻書越嶺

美國猶他州・摩押

這間小書店座落於沙漠中央，
紀念一位美國作家兼環保鬥士。

右圖：書店老闆安迪‧奈特爾（Andy Nettell）與團隊用豐富的出版品活躍了摩押這座沙漠小鎮。

左頁：受到周圍環境的啟發，翻書越嶺書店內有各式自然與環境議題的書籍。

「即使在這個數位時代，紙本書仍是一種完美的技藝。」翻書越嶺書店的活動經理沙里‧佐林格（Shari Zollinger）說：「書籍是我們了解文明歷史與世上各種偉大思想的管道。」摩押沙漠中的這間小書店已經營業了三十多年，店內的選書主要都與當地議題有關，忠實的讀者們喜歡地區自然指南、環境議題、北美歷史、考古學等出版品。「我們當然也會進一些愛情小說，但主要的選書方向真的一點也不浪漫。」沙里說道。

翻書越嶺書店的歷史也十分耐人尋味：這家書店是對沙漠與美國作家兼荒野專家愛德華‧艾比（Edward Abbey）的致敬，他的小說《猴子扳手幫》（*Monkey Wrench Gang*）描述了一個環保組織為他們熱愛的自然世界奮戰，這群人藏身在荒郊野外，他們把自己的根據地稱之為「翻山越嶺之處」（Back of Beyond）。

HONESTY BOOKSHOP
誠實書店

英國 · 瓦伊河畔

這是我的圖書王國。城堡主人依照夢想打造了誠實書店，
進而建立出一整座圖書之城。

上圖：一切都始於一個想法：現在，瓦伊河畔（Hay-on-Wye）的這座小村莊已是大約三十家書店的所在地，並會舉辦文學節。

左頁：「書心之王理查」（King Richard Coeur de Livre）在他的城堡中統御著書香王國，城堡只有一小部分可供居住。

理查·布斯（Richard Booth）不僅有想法，還有一套實行計畫。他自封為「書心之王理查」，不甘於只坐擁一間書店，他想要一整座圖書小鎮！他住在威爾斯瓦伊河畔海伊的一座老城堡裡，整個六〇至七〇年代間，他向世界各地封館的圖書館採買了大量的書籍，並迅速在這個空蕩蕩的小鎮裡開了好幾間書店。當他再也找不到地方可以存放藏書時，便在城堡的庭院裡開了一間「誠實書店」，至今仍非常受歡迎。讀者如果在店裡找到想買的書，只需把適量的零錢扔進盒子裡即可。目前，理查·布斯的遺產由海伊城堡信託（Hay Castle Trust）管理，並由志工負責營運這間全年開放的書店，店面僅有臨時搭建的屋頂保護著書架，避免書本受到風雨侵襲。而誠實錢箱的收益，都用於維護瓦伊河畔的海伊城堡。但理查·布斯的遺產遠不止於此，自一九七〇年代以來，許多其他書店紛紛在瓦伊河畔海伊開張。

這座小鎮只有兩千位居民，卻已經開了大約三十間書店。鎮民們樂此不疲地講述著理查·布斯的故事，關於他養的那匹馬兒，說這位迷人的國王把他的馬兒命名為「首相」。此外，這裡每年都會舉辦為期十多天的海伊文學藝術節（Hay Festival of Literature and the Arts），足以吸引了二十五萬名遊客前來朝聖。讓我們為書心之王理查歡呼吧！

HONESTY BOOKSHOP 誠實書店

上圖：沒有王冠的理查，自封為「書心之王」，擁有獨特的幽默感。於二〇一九年過世。

左圖：打從一開始，這間書店就以信任的原則來經營，讀者付款時，只要將錢扔進盒子裡即可。

右頁：自一九七〇年代起，讀者就一直在戶外書店挖寶，如今，這座城堡由海伊城堡信託管理。

由衷愛書。多年來，志工一直持續確保誠實書店能繼續營運下去。

MOE'S BOOKS
莫伊書店

美國加州‧柏克萊　*充滿革命性的開端*

爭取言論自由、反戰遊行與學運⋯⋯這家書店見證了一切。

莫伊‧莫斯科維茨（Moe Moskowitz）與芭芭拉
（Barbara Moskowitz）於一九五九年一起創辦書店
時，這兩個自由的靈魂便已經非常懂得掌握最新局
勢。在披頭族（Beatniks）與新興的嬉皮運動影響下，
柏克萊大學城正蓬勃發展，莫伊書店就選址在距離加
州大學校園僅四個街區的地方。幾年之後，這間廣受
歡迎的書店搬到了電報大道（Telegraph avenue）上，
這裡是一九六〇、七〇年代反主流文化和抗議運動的
象徵地點，也是這個地方讓柏克萊變得比美國本身還
要知名。莫伊書店經歷、記錄並幫忙塑造了這座小鎮
的豐富的一九六〇年代。

目前，桃樂絲（Doris Moskowitz）繼承父母的志
業，繼續經營這間書店，並延續了他們對書籍深厚的
情感。「我一直都很喜愛書籍，也很愛讀書。」這位
書店老闆說道。「我的父母在我出生之前就創辦了莫
伊書店，我在成長過程中就學會了如何經營。每個人
都會用自己的方式來維護自己的家、自己的花園，而

上圖：店內有二十多萬本藏書，從政治題材到漫畫和藝術書
籍都有。

右頁：在柏克萊的電報大道上，莫伊書店的門面始終都是紅
白條紋的遮陽棚。

MOE'S BOOKS 莫伊書店

我彷彿是生來就想要讓莫伊書店變得更美、更有趣、更平易近人、更合理和更酷，我每天都有這種感覺。」學生和無數經常光顧的熟客能在這間大書店裡找到二十多萬本書，藏書更是不斷變化，莫伊書店經營者的熱誠一覽無遺。二〇一九年是這間店的六十週年，當然，店內舉辦了一場大派對。桃樂絲知道，書能改變生命。「我想，我們從事圖書產業是為了讓朋友和陌生人都更

加快樂。在我們創造的世界裡，心胸開放的人總能找到各種新的想法和經驗來激勵他們、並讓他們感到愉快。」她和團隊也以極大的熱誠來籌辦各式活動，以暢銷讀物為核心，邀請同業或暢銷作家走上舞臺，甚至是歡迎他們以觀眾身分前來造訪，比如城市之光書店（City Lights）的創辦人勞倫斯‧費林蓋蒂（Lawrence Ferlinghetti），暢銷作家大衛‧艾格斯（Dave Eggers）

我從事圖書產業，
是為了讓朋友和陌生人都更加快樂。

上圖：熱愛書籍的桃樂絲自父親手中接掌了這間傳奇書店。

左圖：桃樂絲在書堆中長大，如今以知識淵博的推薦書單改變讀者的生活。

左頁：莫伊書店的選書始終反映當下的時代精神。

在這似乎只有連鎖店才能生存的環境中，莫伊書店持續發展壯大。

都是他們的邀請對象。如果團隊覺得某本書有賣點，有時候甚至會選在大半夜舉辦新書發表會。其中一個例子就是湯瑪斯·品瓊（Thomas Pynchon）作品《抵抗白晝》（*Against the Day*）的發行派對，當天搭配了主題音樂和飲料，成為一場傳奇。而透過桃樂絲的策展，莫伊書店一九六〇年代的自由精神至今仍然不斷延續著，並成為一股動力，讓這間店始終充滿活力。「在這似乎只有連鎖店才能生存的環境中，莫伊書店持續發展壯大，」桃樂絲說道：「我希望，世界上永遠會有像莫伊書店這樣家庭經營的獨立、在地，且由女性管理，並歡迎寵物的書店空間。希望大家都能享受生活，多多讀書！」

LIBRERIA
ACQUA ALTA
高水位書店

義大利·威尼斯

這家迷人的書店是威尼斯最受歡迎的景點之一。

除了威尼斯，世上再也找不到第二家這樣的書店——書完全不分類地堆放在老舊的貢多拉船、浴缸和桶子裡。混亂又令人愉快的高水位書店入口，位在距離聖馬可廣場（Piazza San Marco）約三分之一英里的一條小巷中。店內堆滿了書，遊客們會驚嘆地在走道間穿梭、拍照、瀏覽書堆，並從店面後方的運河邊小陽臺往外看。一座完全由書籍搭建而成的樓梯，則將旅客帶回到喧囂的水都。盧吉·費里左（Luigi Frizzo）於二〇〇二年創辦了這間與眾不同的書店，如今，他的兒子利諾（Lino Frizzo）負責經營。這個店面「夠大，可以讓我帶很多書進來，讓我把威尼斯的不同元素放在一起，」盧吉說：「紙張和水通常合不來，但在這特殊的地方卻很合適。」店裡還有五隻貓咪在書堆間開心地發出呼嚕聲，遊客都能隨意撫摸牠們。而除了裝飾功能之外，貢多拉船還有另外一個非常實用的功能，那就是在「高水位」的情況下，也就是如果淹水了，這裡的書籍也不會受到傷害，至少暫時不會。

上圖：被遺忘的書本堆在店內後方狹窄的走道裡，並在威尼斯的陽光下泛黃。

下圖：高水位書店位在水面上方幾英寸之處，有時甚至會在水面之下。

左頁：貢多拉船讓這間店十分有名，船夫站著唱歌的位置放有成堆的書籍。

LIBRERIA ACQUA ALTA 高水位書店

上圖:「被遺忘的書本引領人們向上」,就如字面上的意思。

左圖:高水位書店的正門,藏在威尼斯知名的聖馬可廣場附近。

右頁:挖寶的讀者會發現⋯⋯一本全新的熱門讀物可能藏在一個舊浴缸裡。

STRAND BOOKSTORE
海濱書店

美國・紐約

這間近百年歷史的書店正是美國夢的實現。

左圖：南希・巴斯・懷登（Nancy Bass Wyden）是經營海濱書店的第三代家族成員。她從父親弗雷德・巴斯手中接掌了書店。

下圖：紐約人喜歡在此處駐足。這座小小的書報攤內備有極佳的文學選書。

左頁：五十多年來，海濱書店一直是紐約百老匯的地標，之前店面位於格林威治村的圖書街。

　　沒有海濱書店，紐約就不是紐約了。這間極具代表的書店位於百老匯，現在占地五萬四千平方英尺，擁有各種題材的書籍，為超過兩百五十萬名讀者服務。令人難以置信的是，這座圖書帝國是在將近一個世紀之前，由一位二十六歲的年輕人以三百塊美金的貸款創辦的。班傑明・巴斯於一九二七年在紐約的格林威治村創業，他的兒子弗雷德（Fred Bass）在書堆裡長大，十幾歲時就在店裡幫父親做事。他們一起在紐約四處尋找書籍，到了一九五〇年代末，海濱書店搬到了百老匯和第十二街的交接處，並一直保留至今。弗雷德的女兒南希現在成功經營著這間家族企業，並擴大了海濱書店的周邊商品，推出各式有趣的文創小物，比如印有莎士比亞諷刺句的馬克杯，或是時髦的海濱書店連身褲，或邀請搖滾傳奇人物佩蒂・史密斯（Patti Smith）等名人舉辦一系列活動，吸引了無數熟客和遊客。

上圖：穩重的皮革扶手椅打造出一座小小的閱讀之島，是許多常客夢寐以求的座位。

左圖：海濱書店的書架上總有空間放上一點幽默。

左頁：紐約人近百年來一直沉浸在優秀的文學品味中。

培養讀者群

一家好書店所提供的東西，遠遠超過書架上的書籍本身，這是為什麼呢？

很少有地方能像書店一樣為人們帶來希望。在一排排整齊堆疊的書本之間，隱藏著轉化生命的可能，以及被真實或虛構故事虜獲的機會，這些故事將可能澈底改變我們看待世界的方式。雖然閱讀的過程本身多半是孤獨的，但我們從書中發現的故事和獲取的新知，又會讓我們感到有必要與其他人議論、探討及剖析，甚至是與陌生人。這些發自內心的交流，往往始於書店空間內，當我們心想著或許就快要找到下一本適合的書了，一切便隨之展開。長期以來，書店主人的角色就是在這段從「想要找某本書」到「擁有某本書」的旅程途中給予我們幫助。每天都有無數關於書店主人的故事發生，他們總是擁有不可思議的能力，能夠掌握讀者的需求，就連讀者自己從未提及的需要也能推敲出來，進而找出一本書來滿足他們。有些書店主人明白，他們創造的體驗不僅僅是出售實體書，還能培養出一群忠實顧客，不會因為有更便宜、更快或更近的選擇就拋下他們。但要怎麼做呢？那就是創造體驗。他們提供讀者機會，讓讀者能與書店建立起真正的連結。而創造體驗最關鍵的就是去了解受眾到底是什麼樣的人，了解他們渴望從書店獲得什麼、為何而來，又該如何好好發掘並滿足他們的需要？唯有明白讀者的需求與希望，並能加以滿足，甚至做到更多、更超乎讀者預期，才能創造出忠實的客群。

對歡樂谷書店（Happy Valley）老闆克里斯・克勞奇（Chris Crouch）而言，他對讀者的了解就是來自於自己同為愛書人的經驗。歡樂谷書店座落於澳洲墨爾本近郊的科林伍德（Collingwood），以店內無可挑剔且令人驚嘆的選書聞名，從設計裝潢到食品、時尚等題材都有。書店架上大多為書籍，但也販售當地設計師和業者製作的小物。克里斯住在科林伍德二十多年，十分清楚當地社區希望能從書店獲得些什麼。他會將歡樂谷與當地企業活動搭配在一起，比如，他們曾與設計媒體「設計檔案」（The Design Files）或癌友會等單位結盟，所舉辦的活動不但強化了歡樂谷書店與當地社區的連結，還能讓更多讀者了解店內的產品，進而成為潛在顧客。而除了拓展店內活動之外，克里斯也認為，就算只是在店裡工作、每天和客人聊一聊，就能培養出客群。「我認為一定要在店裡做做事、和人聊一聊，了解讀者的需求和希望，」他說：「光是靠著這些，顧客群就能越來越廣大。」若想真正明白客人需要些什麼，其中一項練習就是去思考哪些事物會激發他們的好奇心？哪些事物對他們來說很重要？他們相信什麼、在乎什麼？怎麼樣類型的活動會讓他們感興趣，要如何確保他們會來參加？比如說，她們是不是新手媽媽，想向育兒專家學習帶寶寶的訣竅？或是房屋首購族，希望店裡能辦一些購屋預算講座？會不會有設計師，想藉由書店更深入探索自己的領域？書店如何找出符合這些需求的書籍，同時提供能夠滿足這些需求的體驗？這個實體空間又該如何激發他們的好奇心？

「剛開始我們的目標就很明確，我們希望將這裡打造成一個帶有零售服務的社區空間。」藝術家瑪姬・梅（Maggie May）說道。她與音樂家伴侶喬許・凱利（Josh Kelly）在英國索恩伯里經營名為「思考索恩伯里」書店（Think Thornbury）。這裡不僅是一間書店，也是工作室和創作空間。「我們決定取這個名字，是因為希望這個空間能夠鼓勵人們去思考自身與消費品的互動關係，而地名則是要告訴大家，我們是為在地社區而成立的空間。」自二〇一七年創辦以來，這對伴侶為讀者提供了一系列連結社區又能激發好奇心的體驗，包括在地音樂之夜、服裝交換、公開講座以及健康與冥想活動。瑪姬說，書店主人應該思考「單純的『商店』和『以社區為核心的商店』之間有什麼差異。前者依照傳統商業模式經營，而後者則更深入培養社區。這還有幾個不同的面向可以進一步思索。首先，這間商店在當地社區扮演著什麼樣的角色？如果是一間書店，那或許可

以為當地帶來寶貴的思想文化，並去傳播和培養不同的觀點。其次，經營者必須去考量供應商。如果在地商店不支持在地的供應商，還有誰會支持呢？最後，除了銷售產品，在地商店還能做些什麼？可以舉辦哪些類型的活動或講座？可以籌辦一場募款嗎？能否提供一個空間來幫助在地居民的心靈健康，或支持為重要議題喉舌的人？」瑪姬說道。剛開始，他們也沒有什麼行銷預算，但店內的消費經驗讓他們贏得了口碑，並藉著這些口耳相傳的好評來推動業務發展。此外，他們也與其他有在地意識的企業交流、和當地業者合作，並且定期在社群媒體上公告他們的活動。「漸漸地，扎實的好口碑傳遞出去了，而我們現在很穩定，已經營造出真正的讀者群。」

雖然快速建立讀者群是一個很棒的理想，但對大多數書店主人來說，現實情況卻截然不同，鞏固客群需要花很多時間。閱讀書店（Readings）是澳洲最具代表的書店之一，在他們國內共有七間分店，自一九六九年在卡爾頓創辦以來，始終致力培育自己的在地客群，過程中，也不斷尋找與讀者連結及互動的新方法。「一直以來，我們為了建立讀者群發想出許多很好的點子，並舉辦成各式各樣的活動，至今都還是如此，未來也會繼續實踐，」閱讀書店總經理馬克・魯伯（Mark Rubbo）說：「我們在一九八五年舉辦首場活動，當時是全國唯一有辦活動的書店。而規劃出這些定期活動，我們也勢必得加以宣傳，於是我們又創辦了一本雜誌來專門推廣活動。而有了這本雜誌之後，我們又必須想辦法累積訂閱戶。後來郵寄成本上升，網站和社群媒體成為了更便宜、更有效的方法來連結更多人。當然，現在多數的好書店都已經會舉辦活動，所以這種作法看起來已經沒那麼有創意，但想要把人群聚集在一起，並耕耘讀者群，這樣做還是很有用的。」

閱讀書店也一直以在地社區為核心，不僅是現場活動，還開放商店外側的櫥窗，讓當地居民可以在上面打廣告，刊登出租、求職和活動資訊。後來當美國大型連鎖書店博德斯（Borders）在他們對面的大馬路上開張，緊接著線上零售通路掀起電商旋風，也正是這樣的在地特色讓他們得以生存下來，最後反而是博德斯書店關閉了。此外，閱讀書店還透過問卷調查和線上分析來研究他們的讀者，並透過製造美好的閱讀體驗來建立自身的價值，而不是以低價來競爭。現在，他們每年舉辦近四百場活動。「我認為閱讀書店不僅是一間零售商店，」馬克說：「我要給其他書店的建議就是：讓自己與眾不同，不要試圖用低價競爭。只要夠獨特，就能建立出忠實的客群。」

然而，對於剛起步的書店經營者而言，特立獨行的概念也可能令人卻步。對此，其中一個頗有幫助的策

左圖：瑪姬和喬許在「思考索恩伯里」書店內舉辦創意工作坊。

次頁左上圖：「思考索恩伯里」書店致力支持在地藝術家。

次頁右上及下圖：歡樂谷結合書店和唱片行，還可以購買藝術印刷品與小禮品。

我想給其他書店的建議：
讓自己與眾不同，不要試圖用低價競爭。
只要夠獨特，就能建立出忠實的客群。

略，就是去思索在一個消費週期之中，讀者在每個階段有哪些不同的需求。大多數消費者與品牌互動時，都會經歷以下的五個階段：認知、研究、評估、購買、購買後與推薦。若想以書店為核心來打造讀者群，其中一種好方法就是描繪出「消費者旅程」，從聽聞這間書店開始，到最後推薦書店給親朋好友。在消費週期的不同階段中，經營者可以做些什麼來幫助顧客與書店互動，並吸引其他人來光顧？比如一年一度的募款活動、每月聚會、每週文學 podcast 或直播？又或者，這間書店的員工訓練或資料流程，也可以比其他同業更加完善，客人就會發覺，原來經營者透過更加精準的線上和線下管道來理解他們的需求。透過描繪出理想的消費者旅程，就能慢慢找出哪一類的消費者能幫助這間書店增加忠實讀者群。

另一種做出鑑別度的方式，就是與能夠強化品牌故事的人物和廠商合作。「每間商店都要有自己的理念，」克里斯說：「不能不著邊際，要忠於自己的優勢。」比如瑪姬和喬許就認為，回饋在地社區是他們品牌故事的重要成分。二〇二〇年初，澳洲遭遇了可怕的森林大火，當時兩人便決定與他們的讀者群合作舉辦一場線上拍賣，並將收益捐給大火的受災戶。他們運用社群媒體宣傳活動，並收到了大量的迴響，有超過一百五十人捐出物資或提供服務。後來拍賣會順利在週末舉辦，一共籌得超過一萬九千美金的慈善款項，也進一步強化了書店品牌與社區間的連結。與他們相同，閱讀書店也會去尋找具有在地意識的合作夥伴來建立讀者群。馬克建議：「剛開始建立讀者群最好的方法就是接觸在地的聚會場所和單位，像是學校、幼稚園、圖書館、里民協會、媽媽團等，主動幫忙宣傳他們在做的事情，或幫他們辦活動，讓他們視你為群體的重要成員。」

打造自己的讀者群並沒有什麼規則可循。如果辦活動沒有效果，也可以思考其他辦法。可以去找找自己最近喜歡的新品牌，去問問他們是怎麼吸引消費者的，然後想想是否能應用在自己的書店經營中。或者，想想哪些人和自己有近似的想法，要如何透過合作來凝聚和拓展雙方的客群。「在地商店需要多樣性，所以不要去看其他商店，試圖模仿他們的產品，」瑪姬建議：「相反地，要去尋找當地所沒有的人事物，並加以排列優先排序。也就是說，書店經營者可以多跟不同的人交流、做些市場調查、夜裡滑滑 Instagram 找尋新點子，或者閱讀不同的部落格。想和讀者群互動，一定會需要許多不同的寶貴意見。規劃原創商品也需要付出很多艱辛的努力，但成果是，你的書店會更加特別，你的讀者群也會更經常光顧店面。」對此，克里斯也十分同意。「最重要的是，『永遠不要停滯不前』，」他說：「商店需要不斷變化。比如歡樂谷書店就用許多有趣、有深度的書籍來回饋設計類的客群，我會引進自己很感興趣的書。如果連我都覺得很無聊，怎麼能指望讀者會喜歡呢？」追根究柢，培養讀者群就是培養關係。消費者過一段時間就可能忘記從店裡買過什麼書，但若一間書店不只有提供產品，也提供熱情，他們就永遠不會忘記這間店帶來的體驗與感受。

本文作者費歐娜・基拉奇（Fiona Killackey）是顧問公司「我的日常商務教練」（My Daily Business Coach）創辦人，專門幫助有創意的小公司打造品牌、行銷和建立業務。她也在《Cool Hunting》、《Monocle》、《Refinery29》、《設計檔案》、《SOMA》等媒體發表商業、品牌、設計和文化相關文章。

DYSLEXIA LIBROS
失讀書店

瓜地馬拉 · 安地卡　 *濃醇文藝酒香*

當他發現自己的酒吧旁邊竟是一所學校，
便立刻將酒吧的前室改造為夢想中的書店。

右圖：失讀書店的主人特別熱愛好書與舊門框。

左頁：混搭——左邊是各國文學，右邊是喧鬧的現場音樂演出與濃醇烈酒。

　　約翰·雷克斯（John Rexer）一直覺得，一間小小的書店就可以拯救全世界。他現在正在安地卡經營著自己夢想中的失讀書店。約翰解釋，他本來只是想開一間梅斯卡爾（mezcal）酒吧，而酒吧的前室對著街道敞開。開業之後，「我的房東跑來告訴我，『你的店旁邊是學校，在學校旁邊開酒吧是違法的』。於是，幾杯黃湯下肚後，我問房東：『如果在酒吧前面開一間書店，你覺得如何？』他說：『太好了！』於是，這裡就成了一間後面隱藏著酒吧的書店。」

　　約翰從以前就夢想開書店，販售優秀的當代和古典文學作品，還有建築、考古和歷史等主題選書。同時，他也覺得瓜地馬拉很難找到好書，尤其英語和其他外語書更難找。「有時，把事情交給老天時，令人驚訝的事就發生了，」他說：「有天安地卡下大雨，我的狗被車撞了。我抱著牠一路走到城鎮的另一頭，那邊有一間獸醫院。狗狗接受治療時，我注意到診所的牆上有書架，原來診所會販售一些書籍，並將收益用來幫助流浪貓狗。我從書架上拿起其中一本書，竟然是尤金·歐尼爾（Eugene O'Neill）劇作《長夜漫漫路迢迢》（Long

Day's Journey into Night）的初版。」此外，旁邊還擺著安東尼·伯吉斯（Anthony Burgess）的一本小說，也是初版。約翰瀏覽著書架，發現了一本又一本好書，有些是平裝本，有些是精裝，每本書的定價都是十塊格查爾（當地貨幣），相當於不到一塊五美元。「獸醫幫狗狗包紮好走出來時，我問他們多久賣出一本書。他說：『一個月大概賣個三、四本。』我問他願不願意現在全部賣給我。他回答：『如果你自己算好數量，我就賣。』於是，我大概花了四百塊美元，買進了我的第一批庫存，大約有三百本。」精采的還在後頭，原來，美國作家戈爾·維達爾（Gore Vidal）一九四〇年代曾經在安地卡住過一段時間，這些書本來屬於他的一個情人。在維達爾去世前，他將這些書捐贈給獸醫診所，每本書的第一頁都有他的簽名。

　　如今，約翰與他的忠實讀者們一起分享熱情，還有經常光顧酒吧的客人。「我的書店就像捕蠅紙一樣，會黏住一些有趣的人，」他開心地說。除了後面有間隱藏酒吧之外，「失讀」這個店名也很有吸引力。「我很喜歡這個詞。你看，就像『長頸鹿』一樣，這個詞也很有

我希望店名會讓人停下來想一下，
甚至會大笑或感到好奇，並問說：
「這間書店是為閱讀障礙者創辦的嗎？」

上圖：失讀書店是老闆約翰夢想中的書店，他只收藏自己最喜歡的書。

左圖：這間書店兼酒吧已經成了安地卡創作者與藝文工作者的熱門聚會場所。

右頁：湯姆．格林茲納（Tom Grenzner）是一位作家，也是當地藝文圈的重要人物，他受邀在失讀書店舉辦的「入夜」系列活動中朗讀。

意思。我希望店名會讓人停下來想一下，甚至會大笑或感到好奇，他們可能問：『這間書店是為閱讀障礙者創辦的嗎？』你們真應該跟我書店的員工聊一聊，他們也對這個店名感到很疑惑。」

「我曾經跟一個朋友說，我有濟世情結，我覺得一間藏書豐富的小書店就能拯救世界。而他回我：『你的濟世情結根本很錯亂。』」

除了好書和閒聊，酒吧裡的話題有時還圍繞著約翰的另一個喜好。他喜歡蒐集舊門框。「我大概有好幾百個，有的是老屋的門，有的來自老農場，風格各異。我覺得書籍跟門框很像，都能帶領我們通往其他的世界。」他非常喜歡某些類型的書，經常把這些書借出去。店裡有個特殊的書架，貼著「老闆最愛」，陳列著奧地利作家褚威格（Stefan Zweig）的《昨日世界》（The World of Yesterday）等他最喜歡的書。「這本書裡能看到褚威格不可思議的人性、正直、對智慧和勇氣的熱愛，」約翰說，現在已經沒有多少人記得這位文豪，但在希特勒掌權之前，褚威格曾是世界上擁有最多讀者的作家之一。「《昨日世界》大概是目前最能反映當代右翼政府崛起的書了。」在這本書的旁邊，擺放著印度社運家阿蘭達蒂・羅伊（Arundhati Roy）的《微物之神》（The God of Small Things）和英裔德國經濟學家修馬克（E. F. Schumacher）的《小即是美》（Small is Beautiful）。「還有一件事，」約翰笑著說：「如果你花四十塊格查爾買書，也就是大概五塊美元，我們就會送你一張酒吧的免費啤酒招待券。我還真不確定這是在鼓勵大家讀書，還是鼓勵大家喝酒。」

BOOKS ARE MAGIC
神奇之書

美國·紐約

如果你打算開一間夢想中的書店，那一定要在店裡裝一臺「詩歌販賣機」。

「書店就是街區的靈魂，」艾瑪‧施特勞（Emma Straub）說。她和丈夫麥可‧富斯科施特勞（Michael Fusco-Straub）在二〇一七年創辦了神奇之書，當時，他們最喜歡的一間書店倒閉了。「我們覺得自己無法生活在一個沒有書店的社區，於是就接棒了。我們想在布魯克林開一間最友善的書店，滿足社區的所有需求，也要打造一個適合家庭的空間，並舉辦許多文學活動來讓社區參與。」

外頭的牆面上有粉紅色手寫字體的店名，而店內則收藏著許多新書和經典著作，還有孩子們的小空間，以及一臺販賣機，專門販賣美妙詩歌，而不是口香糖。店內天花板梁柱外露，還有光禿禿的磚牆，以及圓形的商店櫥窗，確實有一點神奇。「這正是我們想要的氛圍，」艾瑪興奮地說：「如果把這間店比喻成一個人，那這個人應該是聰明、有趣又愉快的。」

上圖：神奇之書舉辦精采的閱讀與藝文活動，還有為小朋友讀者特別設計的角落。

左圖：當他們最喜歡的書店倒閉時，艾瑪和麥可立刻著手自己創辦了一間書店。

左頁：外牆上的巨大粉紅色店名經常被拍照，現在已經是 Instagram 上的一個知名打卡點。

PAPERCUP 紙杯書店

黎巴嫩·貝魯特

這間小店有精美的紙本書和許多精心籌辦的藝文活動。

當瑞妮雅·諾佛（Rania Naufal）從紐約回到老家貝魯特時，就已經產生了創辦紙杯書店的想法。二〇〇九年，她在時髦的瑪爾·麥克爾（Mar Mikhaël）一帶創立了這間鋪著漂亮地磚的小書店。「我們很熱愛自己的店，」這位很有事業心的書店主人說：「我們滿懷熱誠地工作。」紙杯書店致力於「所有印刷品，」她說。除了藝術、建築、設計、攝影、時尚和旅遊方面的書籍，架上也有當地和國外的雜誌。FaR 建築事務所與工業設計師卡瑞米·查亞（Karim Chaya）為這間店打造出俐落的外觀。極簡主義的室內風格為書店打下良好的基礎，讓書籍可以更加完美地展示。而瑞妮雅還用小咖啡吧強化了這個概念，美麗的小桌子邀請客人為一本書停留更久一些，還可以順便工作，或單純享受美味的咖啡。但他們做得還遠不僅如此。除了經營書店之外，他們還創辦了自己的線上雜誌《The Sounder》，瑞妮雅和團隊更撥出許多時間和心力來定期籌辦讀書會、簽書會和藝文活動。

編註：紙杯書店於 2020 年貝魯特爆炸案後停業。

上圖：讀者可以在紙杯書店邊喝咖啡邊工作，或沉浸在書頁之中，又或者在小桌旁聊聊天。

左圖：這間位在黎巴嫩的小書店專門推廣建築、設計、藝術、時尚、攝影和旅遊類的出版物。

左頁：工業設計師卡瑞米·查亞和 FaR 建築事務所，以融合了傳統元素與簡潔的當代線條來打造紙杯書店。

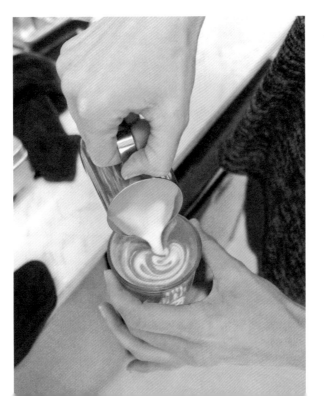

上圖：黎巴嫩是個充滿對比的地方，天鵝絨雙人沙發與粗獷的室外背景形成反差。

左圖：與眾不同的書店——紙杯書店的員工還要會煮美味的咖啡。

左頁：店內左側的牆面上陳列著國際與黎巴嫩當地雜誌，囊括設計、建築和許多其他主題。

BRAZENHEAD BOOKS
銅頭書店

美國 · 紐約　*我的家就是我的書店*

這是全紐約公開的祕密：有個賣書人把自己的公寓變成了一間書店。

　　傳說中，「銅頭」是用黃銅或青銅製成的半身像，可以明智地解答任何問題。麥可·塞登伯格（Michael Seidenberg）就以銅頭書店為名，長期經營這間祕密書店，雖然店裡沒有青銅人像，但他有一顆寶貴的愛書之心，並能推薦各種書籍，至少有人對書本提問的時候，他都能解答出來。這位充滿熱誠的賣書人現在是一位傳奇人物，當年，他原本開的書店租金上漲，於是將店內所有的書都搬到自己的公寓裡。直到他在二〇一九年七月過世之前，都在自己家裡經營著這間祕密書店。客人只要透過電話預約之後，就能前往造訪。經過幾度搬家之後，麥可的公寓書店終於在曼哈頓的上東區安頓下來。

　　格蕾西·比雷奇（Gracie Bialecki）是麥可的老友之一，她回憶道：「雖然每面牆都擺滿了書架，但還是不夠放麥可的藏書，所以書本一堆又一堆滿滿地放在桌子上，而且搖搖欲墜。人潮比較多的夜晚時段，比起在屋子裡到處逛逛，人們更有可能就近拿起旁邊的書來閱讀。書架上總是會藏著一些好貨，可能是初版書、菸斗或是麥可

上圖：麥可經常邀請人們參加祕密或辦公開的晚會，至今讀者對此仍然讚不絕口。

右頁：在因不當使用而被逐出第一間公寓後，麥可便搬到下一個據點。

BRAZENHEAD BOOKS 銅頭書店

的旅遊紀念品。」而正如所料，麥可這間出色的書店很快便成為熱情的讀者、作家和許多紐約人之間的祕密去處——或者，也沒那麼祕密。這在很大程度上是因為，麥可本人簡直像是直接從小說中走出來的人物。他對待書籍就像對待好友一樣，只會把它們託付給愛書的人。他還會在對他而言特別珍貴的書上題「無價」兩字。店內神祕的書櫃上陳列著精選的珍寶，像是麥可最喜歡的作家約翰·庫伯·波厄斯（John Cowper Powys），書店的名字就是取自於他的小說《銅頭》（*The Brazen Head*），店裡還為他擺設著一個小小的紀念壇。幾乎每天晚上，店裡都擠滿了閱讀和享受美好時光的人。

「麥可的沙龍經常開到深夜，」格蕾西說，她深情地回憶起那些日子。「窗簾拉上，書堆遮住了窗戶，時間在銅頭書店是靜止的。除了廣受歡迎的沙龍，還有公開的詩歌朗誦會，以及書迷們的個人聚會，麥可總是很周到。」

「我們感謝這些年來，他向我們敞開心扉，」格蕾西總結。世上還會有像這樣的書店嗎？也許只剩下銅頭能回答我們了。

窗簾拉上，書堆遮住了窗戶，
時間在銅頭書店是靜止的。

左圖及上圖：書本之間經常可以找到個人物品、旅遊紀念品和小紙條。

左頁：麥可不知道自己的公寓裡總共有多少本書，但他能記住每本書的位置。

上圖：麥可對待書本就像對待好友一樣，只會把它們託付給愛書的人。

左圖：銅頭書店幾乎每晚都過著文學的甜蜜生活。

左頁上、下：麥可能夠激發任何造訪者對書籍的興趣。

Golden Hare Books

FINE
BOOKS

FOR ADULTS

OPENING
HOURS
10-6
every day

DOG
FRIENDLY!

WiFi

GOLDEN HARE BOOKS
金兔子書店

英國‧愛丁堡

這間小店獲頒二〇一九年英國圖書獎年度最佳獨立書店。

「我做夢也沒想到我能從事自己如此熱愛的工作，」朱莉‧丹斯金（Julie Danskin）笑著說。她是金兔子書店的經理，而這間小而美的書店位於綠意盎然的愛丁堡史塔克布里奇村（Stockbridge）。她的團隊致力籌辦各種多樣化的活動，規劃寫作工作坊、錄製書店的podcast，並舉辦金兔子圖書節（Golden Hare Book Festival）。打開皇家藍的門扉，圖像小說與成長小說並排陳列，藝術書籍、烹飪書和自然主題書籍則擺放在一起。最舒適的莫過於位在後方的童書區，連大人都會在這裡流連忘返。

孜孜不倦的馬克‧瓊斯（Mark Jones）是這間書店的老闆，目前也是蘇格蘭國家信託的董事，他積極參與金兔子書店的發展，同時，也將自己對於經營一間當代書店的願景完全託付給朱莉和團隊。「獨立藝文工作者

很喜歡愛丁堡，我們也很高興能成為他們的一分子。」朱莉說。她總是在為金兔子書店尋找特別的新書。「我們的庫存量刻意保持得比較低，店內從來不會超過兩千五百本書。而且藏書不斷變化，所以每次來都會不一樣。」有一些廣受歡迎的書籍是來自讀者的推薦。而由於店內舉辦吸引人又兼容並蓄的活動，也累積了許多在地忠實客群，金兔子書店與客人之間的凝聚力，早已遠遠超過簡單的商業關係。「有些人選擇在我們店裡展開第一場約會，當客人需要適合快樂或悲傷時刻閱讀的書籍，我們也會盡力幫忙找到。最重要的是，我們可以看到孩子們在成長過程中對書籍的熱愛！」

DESPERATE LITERATURE
渴望書店

西班牙‧馬德里　人必讀書！

熱愛文學的年輕人致力經營著這間充滿活力的書店。

在羅貝托・波拉尼奧（Roberto Bolano）的《荒野偵探》（The Savage Detectives）裡，瓦昆・方特這個角色有段名言：「無聊的時候就讀書，有許多書可以讀。平心靜氣時也讀書，在我看來，這時可以讀最好的書。還有，難過的時候讀書，開心的時候讀書，渴望知識時讀書。而絕望之際，更要讀書。」渴望書店是泰瑞・卡爾文（Terry Craven）、夏洛特・德拉特（Charlotte Delattre）、寇里・伊斯特伍德（Corey Eastwood）和克雷格・沃爾澤（Craig Walzer）合開的書店，而克雷格還在聖托里尼（Santorini）另外開了一間亞特蘭提斯書店（Atlantis Books）。四位年輕的創辦人來自歐洲和美國，他們在馬德里實現共同的夢想，也就是讓生活徹底沉浸在文學之中。

這間出色的熱門書店現在由夏洛特和泰瑞經營。泰瑞的賣書人生涯開始於二〇〇七年，當時他人在巴黎的莎士比亞書店。「我踏進那間書店的瞬間，就獲得了一些啟發。當時我是個不切實際的年輕駐店創作者，完全沉浸在店裡的氛圍之中，我在那裡遇見許多作家和讀者，人們愛上某些作品，並為之相互辯論，他們翻箱倒櫃尋找寶藏、拆封最新發行的作品。那裡就是天堂。從那以後之後，我就一直想抓住這種感覺。後來，一步一腳印地，我慢慢開始了解經營一間書店其實能夠創造出許多可能，幾乎是無限可能，真的。只要擁有一間書店，你可以藉此出書、可以在下午三點辦派對，也可以舉辦藝術展覽。我們可以把書店視為實踐文學夢想的根據地，我很喜歡這樣的想法。對其中幾位夥伴來說，他們也想要藉此引進一些傑出的書籍，也有幾位想要舉辦很棒的活動，還有人想要耕耘在地社區。只要經營者有心，這間書店就可以永遠保持新穎。」

「新穎」就是渴望書店的代名詞。他們設有詩歌專線，靈感來自於垮掉的一代（Beat Generation）作家，還有布置酒醉書區，為每本書搭配一杯烈酒或調酒，且只要消費，就能獲得一小杯威士忌，不過這個活動現在已經結束。此外，每週都會有朗讀會或英語詩歌節等不

左圖：書架上擺放著團隊最喜歡的選書與忠實客人推薦的書籍。

左頁：「只要有心，就能讓書店保持新鮮」，這是渴望書店的宗旨之一。

DESPERATE LITERATURE 渴望書店

左圖：書店合夥人泰瑞認為，書店幾乎擁有無限的潛力。

下圖：出生於巴黎的夏洛特和泰瑞一起經營渴望書店，讓這裡得以順利營運。

右頁：這間書店的店名源自於暢銷小說角色的一段名言，這段文字也貼在書店的走道上方。

我們可以把書店視為實踐文學夢想的根據地，我很喜歡這樣的想法。

同的活動。英語詩歌節於二〇一九年五月首次在馬德里舉辦，與西班牙當地的烏納穆諾作家聯盟（Unamuno Author Series）合作，共有六十多位詩人及學者共襄盛舉。「說真的，那有點瘋狂，但也真的很美好，」泰瑞興奮地說。他和團隊還設立了一個新的文學獎，專門網羅實驗短篇小說，每年十一月至三月期間開放投稿，並在賽後積極幫助得獎者提升創造力和職業生涯，獎項包含前往義大利西拉維泰基金會（Civitella Ranieri Foundation）駐村、豐厚的獎金、與文學經紀人會面，

以及巡迴歐洲舉辦讀書會。「我們志在創造一個空間，讓人們能夠見面並互相關心，」泰瑞說：「我們可能會為讀者泡杯茶、提供一個暫歇的地方、單純跟他們聊聊文學，或是把自己收藏的《姆米谷的年末》（*Moomin Valley in November*）拿出來借給一個追求心愛女孩的男人。」他說。除了團隊自己喜歡的選書之外，書架上也會陳列老客人們推薦的書籍。「渴望書店是一個與客人互相學習的地方，就像所有好書店一樣。」

　　如果人必讀書，那麼書店職涯一定近乎神聖，經營

團隊會盡可能多與客人分享與交流收穫，無論是前來購買下一本讀物的常客，或是短暫停留的旅人，對他們來說都意義重大。泰瑞真的曾經把自己的書借給客人，而客人後來也歸還了，他認為這顯示出書籍擁有多大的力量。「本來我以為這是一個偶然事件，早已被遺忘，最後這本《姆米谷的年末》卻回到我身邊，」他說：「而且歸還這本書的人，已經與當時追求的女孩結婚了。書就是這麼有意義的東西。」

難過的時候讀書，
開心的時候也要讀書。

上圖：團隊為新實驗短篇小說設立文學獎。

左頁：想找靈感嗎？逛逛塞滿藏書的渴望書店，絕對有幫助。

BOOK THERAPY
書籍療法

捷克・布拉格

如果你曾夢想在布拉格的書店裡獨自度過一晚，那麼你來對地方了。

　　沒有工作人員，也沒有其他客人，只有一瓶上好的捷克葡萄酒、一份精選歌單和數百本好書，這就是佩特拉（Petra Caudr）和丈夫傑里·考德爾（Jiri Caudr）想出的絕妙點子。書籍療法的兩位老闆，經常在打烊後將他們精心布置的書店出租三小時給愛書人。租客在這段時間裡，可以安靜地仔細瀏覽整齊的書架，店內選書著重設計感，從五彩繽紛的素食烹飪書，到《Monocle》旅遊指南都有。所有的書本都像藝術品般顯眼陳列，封面朝外。「我們有一個嚴格的規則，要賣掉一本書，才能引進下一本新書，因為店內空間真的很有限，清楚呈現每一本書很重要。」書店主人解釋。書籍療法還特別為父母及小朋友準備了「花朵與恐龍」訂書服務，他們與兒童心理學家合作，每個月挑選兩本最好的童書，「希望培養孩子堅強獨立性格的父母們，可以訂閱這些書籍。」

117

VVG SOMETHING
好樣本事

臺灣・臺北　三個時髦的字母

非常、非常好（Very, Very Good）。這間書店極為重視美學，視之為整體
願景中的一個重要成分。

在繁華的忠孝東路附近有一座一小小的夢幻之地，幾乎被隱藏起來，外頭擺滿了綠色植物。好樣本事絕對是一間讓人樂意駐足的書店。標有「13」的紅色大門裡面，排列著許多深色的木製貨架。即便空間小巧，但只要看一眼架上選書，旅人們就會意識到自己來到一座靈感寶庫。所有書籍都混合在一起，沒有明確的排列方式，傑出的圖像書籍、工作書、文學著作遍布架上，還有來自世界各地的文具，都是團隊精挑細選而來的。「品味即是美學的實踐」就是這間書店的座右銘。「我們想要讓近三十歲及以上的男女享受藝術和文化，他們不一定具有專業背景，」當時任職品牌行銷副理的金文宇（Julian Chin）解釋道：「我們從國外各大城市引進攝影、插圖、電影、旅遊、居家裝飾、園藝、設計、和飲食等各式書籍，並介紹給臺灣讀者。」

團隊也定期籌備小型展覽，並舉辦各式主題的藝術工作坊，都是為了服務這個客層。一九九九年，「好樣餐廳」在臺北開張，而這間書店是好樣願景的一部分。「我們一直致力將美學融入日常生活的每一個細節，」金文宇說。如今，好樣旗下已有數間餐廳、選物店和外燴服務，還有好樣本事書店、好樣思維（VVG Thinking），以及一間好樣公寓。

團隊十分重視跳脫框架思考，而這樣的作風也反映在好樣本事架上的一系列選物中。來自世界各地奇特又時尚的選品，讓這間書店有點像阿拉丁的寶庫。店面中

上圖：小巧精緻的夢幻之地，隱藏在寫有數字 13 的紅色大門後方。

左頁：店內選書由金文宇和團隊直覺擺放，沒有固定的分類。

VVG SOMETHING 好樣本事

左圖：這些鉛字不只是裝飾品，也應用於各個工作坊中。

下圖：好樣本事的選書包括了最新出版的作品、經典名作和一些古董藏書。

右頁：書店舉辦各種主題的工作坊，從印刷到創意寫作都有。

好樣本事敢於代表這樣的少數群體，
並在臺灣帶起一股潮流。

央的大桌既可以陳設展覽，也可以當作工作坊的活動空間。此外，客人們還能一邊喝著現煮咖啡，一邊翻閱手中的某些限量書籍。「獨立書店就是要積極引導讀者和客人，讓他們看到主流以外的東西，」金文宇說：「這個世界永遠需要少數群體的觀點，才能拓展人們對美感的定義和標準。好樣本事敢於代表這樣的少數群體，並在臺灣帶起一股自己的小潮流，」他總結。顯然，也有許多人像他一樣，認為好樣本事真的非常、非常好樣。

編註：好樣本事書店於 2021 年停業。

MUNDO AZUL
藍色世界

德國・柏林

這家兒童書店用原文書及跨國文化題材，
邀請讀者一同踏上環遊世界的迷人旅程。

柏林這間兒童書店名為「藍色世界」，背後的意義不言自明。書架上擺滿了來自世界各地的書籍，從葡萄牙到韓國，而且都是原文。「去年冬天店裡的日常光景我還記憶猶新，」來自阿根廷的書店主人瑪莉拉·納格爾（Mariela Nagle）說：「讀者在書架之間瀏覽，一位德國男子、一位美國女士、兩位沙烏地阿拉伯女子和一位法國插畫家聊了起來。真的很美好。書本總能讓不同的人聚在一起。」藍色世界書店創辦於二〇〇七年，是當地西班牙和德國家庭的聚會場所。如今，這間小書店還會舉辦跨文化工作坊，也提供建議給許多藝文活動，並協助圖書館與大學。「我可以整天閱讀英國作家羅爾德·達爾（Roald Dahl）和法國作家兼插畫家湯米·溫格爾（Tomi Ungerer）的作品，」瑪莉拉說：「相較之下，我常發現德國童書作者有點太說教。我喜歡童書同時在樂趣和藝術方面都更加豐富，最重要的是也要充滿文學性。」

左頁：藍色世界的選書方向推陳出新，書籍的語言類別也十分多元。

下圖：這間書店原本是家庭聚會空間；如舉辦各種活動，包含了廣受歡迎的工作坊。

HAPPY VALLEY
歡樂谷

澳洲·墨爾本

一位前唱片行老闆在舊錄音室的地下空間裡，
販售他最喜歡的書籍和音樂，吸引了前來朝聖的人潮。

上圖：這裡引進的產品都是為了讓消費者開心，書店的名字可不是隨便取的。

左頁：在歡樂谷精挑細選的書籍之間，還能找到美麗、古怪的小物和禮品。

幾年前，墨爾本科林伍德一帶的史密斯街被人們認為是城裡比較落後的地方。時間快轉到現在，這裡已經擠滿了創意機構、高級精品店和高檔餐廳。而一切的中心正是「歡樂谷」，一間出售書籍和禮品的商店。除了設計、音樂、社會議題、美食和流行文化題材的各種書籍，老闆克里斯・克勞奇還收藏了一些古怪的小物，如饒舌歌手圖帕克（Tupac）的別針，或是手作的雪梨歌劇院模型，這些東西雖然你並不需要，但絕對必須擁有。而且這間店名叫「歡樂谷」可不是隨便取的。「我希望歡樂谷是一家充滿歡樂的商店，一個逛一逛就能感受到正能量的空間，並呈現出『藝廊』般的感覺。」

克里斯曾是唱片行老闆，本身十分熱愛書籍與音樂。他引進的黑膠唱片，包含了美國民謠團貝魯特（Beirut），還有奧地利傳奇雙人團 Kruder & Dorfmeister 的作品。一九四〇年代時，這間商店的一樓是澳洲廣播劇的錄音室，現在成為銷售這些唱片的空間，真是再適合不過了。這個空間有許多故事，就像一本好書。「書是永恆的，」克里斯沉思道：「書可以開啟思想與世界觀，這是任何其他媒介都辦不到的事。書籍在不同的時間以不同的形式出現，可以充滿教育性質、富含知識、可以用來逃避現實或娛樂——有時甚至同時包含以上所有元素！」

READINGS 閱讀書店

澳洲・墨爾本

這間書店與忠實讀者一起力抗連鎖巨頭——而且贏了這場戰爭。

　　如果你在一九六九年開了一間書店，會發現自己找到一個同好：羅斯‧雷丁（Ross Reading）也在人類首次登月與胡士托音樂節（Woodstock）舉辦的那一年，開了自己的「閱讀書店」。對，你沒看錯，他的姓氏原文「Reading」正是「閱讀」之意。近五十年過去，這間店已然成為獨立書店的代表。馬克‧魯伯目前負責管理閱讀書店，他出色的圖書經銷能力備受同業讚譽，在澳洲各地開過數間書店，並榮獲倫敦書展（London Book Fair）二〇一六年國際書店大獎（Bookstore of the Year）。然而，他最珍視的獎盃，卻是另一種類型。二〇〇〇年代初，一間美國連鎖書店在街道的另一端開張，這間小型獨立書店的最終命運看似已經注定。然而，他們的競爭對手似乎沒有想到，墨爾本卡爾頓（Carlton）是個愛書的社區：客人們並沒有被低廉的價格吸引，而是熱衷於閱讀體驗和藝術活動，最後，那間大型連鎖店反而關閉了。這是一個以小博大的故事。

SHAKESPEARE & COMPANY
莎士比亞書店

法國‧巴黎　*美國人在巴黎*

這間美妙的書店是一個傳奇、一個大家庭，更是一座烏托邦。

一九五一年，傳奇的莎士比亞書店在巴黎的布謝里街開張。它位於塞納河畔，與宏偉的巴黎聖母院面對面。出生於美國的喬治‧惠特曼（George Whitman）最初創辦這間英文書店時，是以「米斯特拉」（Le Mistral）為名，十年之後才又以「莎士比亞書店」之名重新開張。藉著這個店名，他繼承了耀眼的光環：西爾維婭‧畢奇（Sylvia Beach）曾開過一間同名書店，並在店裡接待過多位文豪，包含喬伊斯（James Joyce）、海明威（Ernest Hemingway）、費茲傑羅（F. Scott Fitzgerald）、葛楚‧史坦（Gertrude Stein）、艾略特（T. S. Eliot）及和艾茲拉‧龐德（Ezra Pound），在一九四一年因書店遭納粹占領而被迫關閉之前，他們都經常出入此處。當西爾維婭把書店名稱交給了年輕的喬治，並稱他為「精神傳承者」，他立刻獲得了許多貴客的支持，而「美國人在巴黎經營一間獨特書店」的消

息，也很快就傳開了。「垮掉的一代」重要人物相繼駐足店內，如艾倫‧金斯堡（Allen Ginsberg）和威廉‧柏洛茲（William S. Burroughs），而阿內絲‧尼恩（Anais Nin）和亨利‧米勒（Henry Miller）也曾在此流連忘返。此外還有理察‧賴特（Richard Wright）、胡利奧‧科塔薩爾（Julio Cortazar）、勞倫斯‧達雷爾（Lawrence Durrell）和詹姆斯‧鮑德溫（James Baldwin），都是全新莎士比亞書店的第一批客人。

他們不僅僅是為了成千上百本的書而來。喬治將書店打造成他心目中的烏托邦。從開幕之初，作家、藝術家和知識分子就可以夜宿店內。每到晚上，在堆滿書本的木架之間，小板凳就會搖身一變成為舒適的床。自那以後，估計共有三萬名藝文工作者在此住宿。每位過夜的客人都會在店裡幫忙工作一個小時、讀一本書，並寫一篇簡短的自傳，藉此當作住宿費。要是以後他們成了

SHAKESPEARE & COMPANY 莎士比亞書店

知名作家，自傳可是很有意義的。

　　二〇〇二年，喬治的店裡來了一位非常特別的客人——他的獨生女希薇亞。「我當時會回到這裡工作，是為了花時間了解我已經疏遠的父親，」希薇亞說。二十一歲時，她從英國回到巴黎，與當時已經八十八歲的父親重修舊好。「他的人生和這間書店完全交織在一起，因此，想要了解他，只能花時間在書店上班。本來只是想了解父親，但我後來愛上了巴黎、書籍和他創造的這個地方。」二〇一一年十二月，喬治過世了，希薇亞和她的伴侶大衛・德蘭內（David Delannet）一起經營

書店，並保存了莎士比亞書店原始的精神，沒有改變。這間書店仍然是一個文學聚集地，並依舊擁有備受推崇的地位。深色的木製書架仍然屹立在店內的瓷磚地上，而無數的英文經典著作，以及美麗的新書、平裝本和精裝書，堆放在桌子上面、旁邊和下方的箱子裡。頭頂的吊燈始終照亮著這間美妙書店的兩個層樓。一道梯子通向閱覽室，在這裡，讀者可以完全沉浸於新舊文學珍品中。店裡還有隻被收編的流浪貓「阿嘉」，總在扶手椅子上幸福地發出呼嚕聲，牠取名自偵探小說家阿嘉莎・克莉絲蒂（Agatha Christie），因為牠是在治安不佳的

本來只是想了解父親，但我後來愛上了
巴黎、書籍和他創造的這個地方。

左圖：數十年來，作家們一直來到店裡幫忙，而作為回饋，他們可以夜宿店內一段時間。

左頁：莎士比亞書店位於巴黎聖母院對面，二次大戰期間曾經關閉，並於一九五一年重新開放，並交由新老闆經營。

獨立書店是一個讓人有所收穫、談天說地、流連忘返和消磨時光的好地方。

區域被找到的。「現在還有粉絲會寫信給牠呢！」希薇亞和大衛笑著說。多年來，這對夫婦為書店增加了咖啡吧、擴大童書與藝術書區，並舉辦免費的每週活動，讓書店變得越來越好，查蒂·史密斯（Zadie Smith）、唐·德里羅（Don DeLillo）和瑞秋·庫斯克（Rachel Cusk）等當代重要作家，都相繼前來參與。這間美妙的書店還乘載著二十與二十一世紀歐洲的創作浪潮，讀者會在此處與文學大師相遇，甚至碰到某隻大名鼎鼎的貓咪，或者從藝文新銳手中買下一本書，在在證明了寫作具有一股力量，能將人們匯聚在一起。

希薇亞和大衛都認為，這間書店傳承了喬治的精神，「因為獨立書店不僅僅是一個買賣書籍的空間，而是一個讓人有所收穫、談天說地、流連忘返和消磨時光的好地方，也是能聆聽作者談論作品與讀者互動的場所，讓對話得以推展和變得豐富，讓故事能夠被分享。只要人們依舊需要這樣的交流，並且只要人性依舊美好，獨立書店就會繼續存在。」

SHAKESPEARE & COMPANY 莎士比亞書店

BEING

OF YOUR OWN

LIGHT

THE ASTONISHING

IN DARKNESS

LONELY OR

WHEN YOU ARE

I COULD SHOW YOU

I WISH

獨立之日

世界各地的獨立書店不斷增加，但每間小書店的日常依舊充滿了嚴峻的挑戰。

《黑暗元素》（*His Dark Materials*）三部曲英國得獎作者菲力普・普曼（Philip Pullman）認為，獨立書店是「文明的提燈者」，而尼爾・蓋曼（Neil Gaiman）則在小說《美國眾神》（*American Gods*）中寫道：「一座城市若沒有書店，就稱不上是城市。它也許能以此自居，但除非擁有一間書店，才能名符其實。」所有作者都視獨立書店為珍寶，無論是《如果在冬夜，一個旅人》（*If on a Winter's Night a Traveler*）的卡爾維諾（Italo Calvino），或《風之影》（*The Shadow of the Wind*）的薩豐（Carlos Ruiz Zafon）。有些作者甚至把獨立書店寫成永恆之地，還有一些擁有自己的書店，比如喬治・馬丁（George R. R. Martin）在新墨西哥州的聖達菲的「野獸書店」（Beastly Books），茱蒂・布倫（Judy Blume）的書店則開在佛羅里達州基韋斯特島，還有安・派契特（Ann Patchett）也於二〇一一年在田納西州的納什維爾開了「帕納塞斯書店」（Parnassus Books）。即便這些獨立書店都廣受喜愛，但經營者還是面臨許多困難。正如喬治・歐威爾（George Orwell）一九六三年說過的：「書店是少數能逛很久，卻不用花半毛錢的地方」。線上零售通路與實體書店相互競爭，以及店面租金上漲，獨立書店的生存越發困難。

幸好，他們目前似乎還是在某些方面上勝出，網路購物固然便宜快速，但好的獨立書店能提供讀者更多的東西，比如「扯開馬甲」書店（The Ripped Bodice）是全美唯一專營羅曼史的書店，還有布宜諾斯艾利斯舊劇院改建而成的絕美「雅典人書店」，威尼斯的「高水位書店」將書籍陳列在貢多拉船上，或者巴黎的莎士比亞書店乘載著豐富的文學史。一九九五年，全英國的獨立書店曾一度高達一千八百九十四間，但隨後逐年下降，直至二〇一六年，只剩下八百六十七間。但英國書商協會（Booksellers Association）表示，情況後來開始改變，在那之後書店每年都增加，到二〇一九年底，總數攀升至八百九十間。美國的情況也同樣樂觀。今年，美國書商協會（American Booksellers Association）表示，書店數量已經連續十年增長，現在全美共有 2,524 間獨立書店在營運，數量遠高於二〇〇九年的 1,651 間，填補了博德斯連鎖書店倒閉後留下的空缺。「獨立書店通路的書籍銷量也正在上升，」美國書商協會發言人丹・卡倫（Dan Cullen）表示。「相較於二〇一六年，二〇一七年獨立書店的整體圖書銷售額成長了 2.6%，二〇一八年又比二〇一七年增加了的近 5%。一切都是因為獨立書店仍然極具活力，並富有創業精神，為讀者提供了獨一無二且無與倫比的場域，來發掘新銳作者和偉大的作品。」

德國大約有六千間書店，其中 90% 是小型獨立書店，德國書業貿易協會（Borsenverein des Deutschen buch handels）指出，書店數量在過去五年間沒有顯著變化。至於法國，法國書店協會（Syndicat de la librairie francaise）則表示，過去十年間，一名員工以上的書店數量「保持穩定」，二〇〇七年共有 2,344 間，二〇一七年為兩千兩百四十四間，僅下降 4%。協會還指出，法國境內還有一千間書店僅有一名員工經營。「法國一共有三千兩百多間書店，可以說是世界上書店最密集的地方，我們感到很自豪，」協會發言人說。德國和法國都有圖書銷售定價制度，美國與英國仍然以低價廝殺，使得實體書商在與線上零售競爭時，處於痛苦的劣勢，英國尤為明顯。英國的「圖書淨價協議」（Net Book Agreement）在一九九〇年代遭到廢除，獨立書店數量正是從那時開始下降。然而近年表面上成長的數字，掩蓋了獨立書店每天面臨的生存挑戰。誠如英國書商協會執行長梅麗爾（Meryl Halls）所言，英國書店數量小幅增長，「證明了書店具有創造力、熱情並努力付出，他

們在艱困的情況下仍然表現出色」。但我們應該要從「線上通路競爭、不平等的營業稅，以及英國退出歐盟所造成的經濟不確定性」來檢視這種增長。比如愛爾蘭高威的肯尼書店（Kennys Bookshop），他們創辦於一九四〇年，還擁有一間藝廊，如今卻因英國退出歐盟而倍感壓力。「公投後第二天，來自英國的訂單大幅下降，至今都還沒有恢復，」莎拉·肯尼（Sarah Kenny）說：「多數新書都是在英國出版並運送過來，現在遞送時間可能會變長，產生巨大的影響。」

多數書店都沒有自己的房地產，因此會不斷面臨租金上漲的困境，從柏林到紐約，各地的租金都在飆升。美國獨立書店業者麥可·塞登伯格，就必須把他傳奇的書店搬進紐約上東區的公寓裡，並採取預約制，一直經營至他二〇一九年過世為止。倫敦「水上文字」（Words on the Water）書店主人派迪·史格奇（Paddy Screech）則把書店開在一艘百年歷史的荷蘭駁船上，藉此避開房租。但倫敦的另一間書店「康登洛克書店」（Camden Lock Books）則於去年倒閉，老闆將部分原因歸咎於租金上漲。二〇一八年的紐約，剛滿一百年的「戲劇書店」（Drama Book Shop）也宣布停止營業，同樣是因為租金太過昂貴。不過他們的故事至少還有個美好的結局：音樂劇《漢密爾頓》的創作者林·曼努爾·米蘭達（Lin Manuel Miranda）和兩位同事一起買下了它。梅麗爾表示營業稅，也就是商業財產稅，對獨立書店而言是個「大問題」。英國書商協會正在爭取英國政府改革稅率制度，他們說，原本的制度「是以前制定出來的，已經不再適合目前數位化和多元通路的時代」。

「我們總是告訴自己所有小公司在大環境中生存都很艱難，而且書店產業也稍有復甦，」梅麗爾說：「隨著越來越多新業者加入，大家也越來越有信心，但我們還是面臨著很大的挑戰，比如房租和薪水仍是最大問題。」她以倫敦的布魯克斯書店（BrOOKS）為例，強調營業稅非常驚人，這間店在哈羅事務所（Harrow Concil）重新估價後，發現自己的營業稅帳單竟高達一萬一千多英鎊。「繳完稅之後，他們覺得自己只能關門大吉，為此，他們花了好幾個月的時間上訴，雖然最後打贏官司，但這很可能會讓他們破產。這是獨立業者正努力解決的問題。獨立書店開業的最初三年一定不賺錢，之後利潤也很低，只有3%到4%，這還算是已經有點成績了。額外成本真的非常高。」早些時候，獨立書店的市場份額因連鎖業者而大幅縮減，但近年在英國和愛爾蘭，情況不再是如此，兩種書店相對已能和

左圖：碧雅·科赫（Bea Koch）與利亞·科赫（Leah Koch）的書店「扯開馬甲」專營羅曼史小說。

下頁左上圖：麥可·塞登伯格的銅頭書店位於紐約。

下頁右上圖：高水位書店是威尼斯眾多旅遊景點之一。

下頁下圖：巴黎的莎士比亞書店是世界上最著名的獨立書店之一。

137

一座城市若沒有書店，就稱不上是城市。
它也許能如此自居，但除非擁有一間書店，
才能名符其實。

諧共存。「現在是實體商店與網路通路的戰爭，」梅麗爾說：「戰線已經劃定，現在獨立書店也能認同連鎖書店，比如水石書店（Waterstones）和布萊克威爾書店（Blackwell）。有些人確實對水石書店很感冒，但大家都知道實體書店陣線需要所有人的力量才能成功。我們很高興看到水石書店擁有強大的領導力，並能不斷開設新的分店。我想獨立業者也知道，在最好的情況下，水石書店和獨立書店是彼此相輔相成的。」

「噴泉書店」（Fountain Bookstore）的老闆凱莉‧賈斯蒂斯（Kelly Justice）讓大家看到獨立書店和線上通路的恐怖競爭。她說書店已經變成了「展示間」，許多人會來店裡瀏覽她精心陳列的主題書展，然後拍照，回去後再到亞馬遜網站上訂書。這在網路上引發廣大迴響。「各位，請不要這樣。在這裡找書，就在這裡買吧，讓我們活下去。」她在推特上寫道。凱莉說，展示間現象至今仍然是個問題，「讀者借用了我們的腦袋、主題策展和時間，甚至是店員的熱情和友善，最後吹噓自己從其他地方買到這本書有多便宜，這真的很傷。」

肯尼書店的老闆莎拉也同意這個觀點。她說，網路業者的競爭是一個主要問題，雖然他們的書店在一九九四年就成立了購書網站，是愛爾蘭第一家網路業者。「對我們來說，亞馬遜是一個長期挑戰，無論我們雙方是競爭對手或者協力供應商，就像許多其他公司一樣，我們也會透過線上通路銷售，但他們會從每筆銷售中抽取很高的分潤。雖然亞馬遜是許多消費者的首選，但我們和其他零售業者都在想辦法讓消費者向當地業者購書。」為此，肯尼書店實施全球免運政策，並下修大量書籍的價格，同時大力推廣愛爾蘭本土的圖書和出版產業。「當代愛爾蘭文學的力量和重要性，在亞馬遜上都看不出來，」莎拉說：「我們一直很希望讀者能直接在我們的網站『Kennys.ie』上買書，這裡的服務、價格和品質通常更好。也有越來越多消費者會想尋找亞馬遜以外的網站買書。在愛爾蘭，有越來越多人認同要向當地業者購物，黑色星期五和耶誕節期間的營收都有大幅上升。」雖然亞馬遜無所不在，但梅麗爾也和莎拉抱持同樣看法，認為獨立書店持續努力尋找「對抗線上業者的方法」。她說：「實體書店花了二十五年不斷適應。沒有被擊倒的業者雖然只有一半多一些，但也更加強大

了，很清楚要如何吸引讀者。讀者當然還是會來到『展示間』找書，然後再到亞馬遜下單，坦白說這真的很無禮，書店為此感到不滿，但已經知道如何給予讀者不同的體驗。實體書店與線上通路的差異在於忠實客群、自己的特色，以及立足於商業街上，卻超越買賣關係的氛圍。」世界各地的獨立書店目前也面臨了尋找合適員工的問題，許多獨立書店都是因為老闆的知識和性格而聞名，比如銅頭書店已故的麥可‧塞登伯格，還有蘇格蘭威格敦書店（The Bookshop）的尚恩‧貝西爾（Shaun Bythell），他將自己的賣書生涯寫成一本書。有這樣的書店主人，顧客當然會為了見見他們而前來造訪。「書店主人固然是特色的一部分，但他們也不可能長生不老，」梅麗爾說：「付不出高薪時，該如何建立出一個書店團隊呢？業者會招募對書充滿熱誠的人，很多時候確實找得到，但這也是一個問題。」

噴泉書店主人凱莉認為，圖書產業面臨的真正挑戰是「人們越來越以管窺天，只從自己的同溫層看世界。一般人將書籍視為打發空閒時間的方式，就像在串流平臺看喜歡的節目、打電動、參加體育活動、去新開的酒吧一樣。圖書產業需要更深刻地理解這一點。除非有一天大家會在茶水間裡討論一本書，就像討論足球超級盃一樣熱絡，圖書產業的問題才能算是解決。如果找到更多的讀者，所有人都會受益，無論是書店、出版社、作者和新讀者本身。」

然而，凱莉一點也沒有想要停下來的意思，她已經當了三十年的賣書人。「透過文字與人交流是很重要的事，而且永遠不會過時。書籍和閱讀讓我們擁有獨特的方式來感受人性並連結彼此。讀完一本喜歡的書時，我會迫不及待地想與他人談論！和更多的人分享這種快樂，永遠都不會膩。」

本文作者愛麗森‧弗洛德（Alison Flood）是英國《衛報》（Guardian）出版線記者。她也在《觀察家報》（Observer）撰寫驚悚小說評論，為《書商雜誌》（The Bookseller）的「每月新書快訊」專欄撰稿，文章也散見於其他多種書籍刊物。她最喜歡在獨立書店消費。

PRO QM

德國・柏林

革命將被記載成冊：這間書店相信藝術、文化與政治的結合，
將能帶來公平的未來。

上圖：書店隱身於柏林羅莎盧森堡廣場後方的一條小街上，位置十分適合這間受歡迎的書店：盧森堡本身就是一位社會主義哲學家與革命家。

左頁：「Pro qm」書店網羅城市政策、文化、經濟以及建築、藝術與設計等當代出版品。

　　「二〇〇〇年代初，我們最具傳奇色彩的活動，就是邀請到英國舞蹈名家麥可・克拉克（Michael Clark）和墮落樂團（The Fall）的馬克・史密斯（Mark E. Smith）晚上來我們店裡演出。」對，你沒有看錯，這確實是一間書店，但這畢竟是柏林的書店。自一九九九年以來，Pro qm 書店一直都是柏林藝術和文化領域的重要匯聚地，提供讀者不同的觀點、舉辦讀書會，並販售相應的書籍。「一九九〇年代末，柏林充滿了關於城市政治與文化空間的辯論與討論，而這間書店在這些理論之中誕生了，並逐漸演變成一個能讓更多人參與交流的實體空間，」卡佳・雷查德（Katja Reichard）說。他現在與傑斯科・費澤（Jesko Fezer）及艾利克斯・約翰・威德（Axel John Wieder）一起經營 Pro qm，整個團隊共有七人。而當初促使他們創辦這間店的動力不是別的，正是一本書。

　　《若你居住於此：藝術、理論和社會行動主義城市》（If You Lived Here：The City in Art, Theory, and Social Activism）當年的出版，是配合藝術家瑪莎・羅斯勒（Martha Rosler）於一九八九年在紐約籌辦的一系列活動及展覽。「這本書彙集了藝術家、社運家、都市規劃師、科學家、當地居民、里民等等的觀點，並記錄下一九八〇年代末紐約的房產危機，也提出了廣泛的分析和因應策略，」雷查德說。這本書聚焦於城市議題，並關注都市與政治、流行文化、商業、建築、設計、聲音和藝術間的關係，而 Pro qm 的理念也是如此。這間書店的每一寸空間，都充滿了革命性！

141

PRO QM

上圖：二十多年來，Pro qm 一直在柏林的城市政策和文化領域激盪出有趣的討論。

左圖：書店的七人團隊負責營運與選書。

右頁：正如所有美好事物，這間書店也是在革命火花中誕生的。

IT'S A BOOK
這是一本書

葡萄牙・里斯本

來自世界各地的愛書人，在這間獨立書店明亮的書架之間交流。

安東尼奧・艾維斯（Antonio Alves）與喬安娜・希瓦（Joana Silva）認為，雖然這間名為「這是一本書」的書店，並不像其他書店一樣銷售典型類別的書籍，但「我們確實喜歡提供小型獨立出版商、自助出版作品和藝術家更多的能見度。這些出版品通常很獨特、很另類，使得大出版社對它們敬謝不敏。」安東尼奧和喬安娜從二〇一六年開始經營「這是一本書」，雖然主要銷售童書，但也有其他適合成人讀者的書籍和活動。「我們一直認為，兒童書籍不一定是給小朋友看的，這類書有很大的潛力能跨越文化和社會隔閡，店裡的多元客群與忠實讀者也證實了這個看法，我們感到很高興！」不同觀點與生活型態的讀者在明亮的書架前相遇，他們的共同點就是喜愛童書，並因此產生了許多美好的交流。「這些讀者不僅類型與風格各自迥異，也來自不同的年齡層，包含小朋友、長輩，還有中間各個年紀的人。他們也來自世界各地不同的地方和文化，每個人都有自己買書的理由。」

上圖：成人讀者也會在這間葡萄牙童書店的架上找到許多喜歡的書籍。

左頁：喬安娜・希瓦和安東尼奧・艾維斯也樂於銷售藝術家、自助出版和獨立出版社的書籍。

145

WILD RUMPUS
撒野大鬧

美國明尼蘇達州・明尼亞波里斯

溫馴的公雞、老鼠和絨鼠在這間獲獎的童書店裡自由漫步。

柯蕾特・摩根（Collette Morgan）和湯姆・布勞恩（Tom Braun）受到兩本兒童書籍的啟發，將「撒野大鬧」打造成一間美妙的書店。「開始撒野大鬧吧！」（Let the wild rumpus start!）美國畫家莫里斯・桑達克（Maurice Sendak）的經典童書《野獸國》（*Where the Wild Things Are*）中，小麥克斯大聲說道。撒野大鬧書店將桑達克視為教父。而書店的整體氛圍與設計，摩根和布勞恩則參考了美國作家安妮・梅澤（Anne Mazer）迷人的童書《小蠑螈，睡哪裡？》（*The Salamander Room*）。色彩繽紛的天花板彷彿打開了，可以看見天空中的景色，就像童話故事一樣，紫羅蘭色的入口還有一扇兒童專用門，只有小小讀者能通過。

除了精心挑選的書籍與豐富的活動之外，「撒野大鬧」書店真正的大明星是各種小動物。書架之間，兩隻毛茸茸的絨鼠正自由地奔跑，他們名叫凱迪克和紐伯瑞*，驚悚書區的一塊木板下，住著三隻黑白相間的老鼠，分別叫做誰太太、何太太和啥太太。勇敢的孩子可以去看看叫做海格的墨西哥紅膝蜘蛛，其他小朋友則能抱著公雞或貓咪。就像《小蠑螈，睡哪裡？》和《野獸國》中的故事一樣，在這家書店裡，空間、時間和大自然之間的界限變得模糊了。而「撒野大鬧」也激勵了小朋友讀者和爸爸媽媽，鼓勵他們睜大眼睛，去看看這個世界和其中的奇蹟。

* 譯註：凱迪克（Caldecott）為美國圖書館協會的兒童繪本獎，紐伯瑞（Newbery）則為美國兒童文學獎。

上圖：「撒野大鬧」書店真正的大明星，是店內自由奔跑的溫馴小動物。

左頁三圖：這家充滿野心的兒童書店巧妙地模糊了現實與想像的界線。

CASA BOSQUES
森林書屋

墨西哥‧墨西哥城

兩位墨西哥賣書人除了熱衷印刷藝術之外，也做起了巧克力甜點。

「我的合夥人拉斐爾和我一樣都熱愛紙本書。」喬治·德拉加爾薩（Jorge de la Garza）說，自二〇一二年以來，他一直與拉斐爾·彼爾托（Rafael Prieto）一起經營森林書屋（Casa Bosques）。「我們幾乎是同一時間搬到了墨西哥城，並且發現，雖然藝術蓬勃發展，有許多博物館、畫廊和學校，但這座城市並沒有真正的專業藝術與設計書店，所以我們決定自己開一家。」森林書屋專門經營墨西哥、美國、歐洲、中南美洲的獨立出版書籍。

整齊的書架上擺滿了藝術、建築、攝影、設計和相關理論的圖書，還有許多精美的暢銷及海外雜誌。除了書店業務，拉斐爾和喬治還熱衷於印刷藝術。兩人從二〇一四年開始舉辦「索引藝術書展」（Index Art Book Fair），自那時起，這個活動就成為墨西哥城創意印刷品的重要平臺。

森林書屋還定期舉辦探索其他藝術類型的活動。過去曾舉辦過新書發表會結合迷幻民謠歌手德凡德拉·班哈特（Devendra Banhart）的祕密音樂會，他隨興地坐在白色書架之間，唱著自己的歌，成為書店的一大亮點活動。喬治說，美國樂團音速青春（Sonic Youth）的金·戈登（Kim Gordon）也在這裡舉辦簽書會。此外，森林書屋還可能是世上唯一一間推出品牌巧克力的書店，為這個視覺與音樂的饗宴之地提增添了另一份美味。

左圖：直到今天，德凡德拉·班哈特在新書發表會上的音樂演出仍是書店主人最懷念的活動之一。

左頁：這間藝術與設計書店專攻墨西哥與國際的獨立出版品。

149

上圖：仙人掌與其他植物從戶外來到室內，同時也提醒了讀者這間店的特色。

左圖：森林書屋總是積極讓書籍獲得封面完整展示的機會。

右頁：這間小書店經常用來當作藝術與音樂活動的場地。

WUGUAN BOOKS
無關實驗書店

臺灣・高雄

在一片黑暗之中，隱藏的欲望與一些非常特別的書被照亮了。

「無關實驗書店不只是一個黑暗的書店，」書店設計師朱志康說：「這是一座天堂，世俗世界的一切都在此受到過濾，僅有靈魂深處渴求的書籍會留下來。」這段話完整概括了書店背後的精神。這間店沒有發光的霓虹招牌來標明存在，也沒有展示櫥窗能讓行人向內窺看，或讓讀者向外凝望。相反地，大約四百本書陳列在黑暗中，每本書都有一盞專屬的小燈，其他客人的臉龐則始終籠罩於黑暗之中，厚重的地毯能消除任何噪音，這裡的氣氛令人想起私人沙龍。「平常定義我們日常生活的一切，在這裡都可以放下，」經營團隊解釋道：「也就是說，剝除平常外顯的社會角色，我們就能做自己、遵從內心的渴望。」店內陳列著各種不負所望的書籍，以充滿啟發的成人書籍為主，題材包含心理學與情色文學，因此必須十八歲以上才能踏入這間店。「減少了人與人之間的干擾，讀者可以選擇他們喜歡閱讀的任何書籍，而不用擔心他人批判的眼光，也可以不受打擾專注閱讀，無關實驗書店能幫助讀者打開通往內在自我的大門。一旦經歷過，就會找到坦誠、真實與自己互動的機會。」

編註：無關實驗書店於 2021 年停業。

下圖：造訪這間書店的讀者可以確定，自己完全不會被注意到，因為每個人的臉都隱藏在黑暗中。

左頁：無關實驗書店的四百本書，全都有專屬的燈光。

WUGUAN BOOKS 無關實驗書店

上圖：這間書店令人想起私人沙龍，人們可以暫時拋下自己的公眾形象。

左圖：無關書店的選書主要針對成人讀者，從心理學到情色文學都有。

右頁：團隊希望他們的書籍和店內布置能鼓勵讀者誠實審視自我。

THE RIPPED BODICE
扯開馬甲

美國加州‧卡爾弗城

在群眾募資的幫助下，兩姊妹開了一間書店，只賣羅曼史小說。

上圖：碧雅‧科赫（左）抱著狗狗費茲威廉‧鬆餅（Fitzwilliam Waffles）與利亞‧科赫（右），
共同經營一間只有羅曼史的書店。

左頁：扯開馬甲書店提供讀者一個美妙的平臺，得以一覽羅曼史的魔力。

　　「我們的書店就像你無所不知又無比慈愛的姑姑，」碧雅與利亞說：「她給你最棒的書、讓你了解什麼是美好的性愛，以及在一段浪漫關係中，你應該獲得些什麼。」二〇一六年，在群眾募資網站「Kickstarter」大獲成功之後，兩姊妹開了這間「扯開馬甲」書店，店名取自碧雅分析愛情小說的碩士論文標題，她們專精愛情小說：「羅曼史是一個非常豐富的世界，所以我們總是試圖引進我們以前沒有見過的新風格或故事，」兩姊妹解釋道。愛情故事的市場的確很大。就連索尼影業現在也與兩姊妹合作，一起將各種羅曼史小說改編為電視劇。卡爾弗城（Culver City）這間裝潢華麗的書店也已經吸引了一大批狂熱粉絲，碧雅與利亞還表示，她們是全球最年輕的獨立書店主人。

　　兩姊妹說：「我們很高興創辦了這間羅曼史書店。這間店給我們人生目標和焦點。我們幾乎每天都會聽到客人跟我們說：『我這輩子都夢想能開一間這種的書店。』還有：『我從沒讀過羅曼史，要從哪本開始？』對於我們來說，能為這兩種讀者服務意義重大，她們就是剛起步的羅曼史新手，和終身專情的羅曼史粉絲。」

THE RIPPED BODICE 扯開馬甲

上圖：創辦人發現羅曼史的讀者年齡層很廣泛，愛情故事有很大的市場。

左圖：值得回味的故事：讀者可以一邊喝茶，一邊瀏覽店內的精選書籍。

右頁上、下：索尼影業對科赫姊妹的書店很感興趣，正與兩人合作開發新的影集。

HALPER'S BOOKS
哈爾珀書店

以色列・特拉維夫

一百四十箱書本和一個應變計畫,在特拉維夫創造出一個大受歡迎的聚集地,廣納不同文化背景的讀者。

一九九〇年代初，在嘗試了所有謀生方式後，約瑟夫·哈爾珀（Yosef Halper）孤注一擲，帶著一百四十箱書本，從紐澤西搬到了特拉維夫。「那絕對是一個非常糟糕的時機點，」約瑟夫說：「我們在波斯灣戰爭期間來這裡，等砲彈攻擊終於停下來時，我和太太把公寓裡的玻璃碎片掃一掃，我就出門尋找據點了。」他在艾倫比街（Allenby Street）找到了期望中的空間。他把這條街形容為特拉維夫的百老匯。他從英語書籍開始經營，很快地就擴大了業務範圍，也販售希伯來語和其他語言的書籍，符合世界各地的讀者的需要。這家商店著重於歷史、哲學和文學選書，而說起買書，約瑟夫有自己的選書直覺，就算某本書始終沒有被從書架上拿下來，他也認為總有一天會賣掉。他的書架上還有以色列外交官和前總統私人圖書館裡的珍貴書籍。「以色列是一個小國家，在別的地方很難買到這類珍藏。」但他最喜歡的還是充滿活力又多元的客群，讀者會在哈爾珀書店狹窄的走道間細細閱讀、一起瀏覽和討論，並不斷發現，書中蘊含著能使人們團結，而非分裂的力量。

左圖：自一九九〇年代初以來，哈爾珀書店就一直佇立於特拉維夫傳統的艾倫比街。

左頁：約瑟夫和女兒莎拉截然不同，一個沉浸在歷史之中，一個熱愛虛構故事。

HALPER'S BOOKS 哈爾珀書店

上圖：直到今天，哈爾珀書店仍然是特拉維夫跨文化領域中最受歡迎的空間之一。

左圖：烏鴉象徵智慧，千百年來被視為資訊的傳遞者。

左頁：這是哈爾珀書店的前哨站，也是一個路標。

163

UNDER THE COVER
書封之下

葡萄牙・里斯本

這間葡萄牙圖書和雜誌店選入封面風格強烈的出版品，
藉此講述背後人們的故事。

　　「編輯們不斷拓展雜誌的可能性，打造令人振奮的內容，搭配精采的設計及視覺效果。」路易斯·肯哈（Luis Cunha）解釋。自二〇一五年以來，他與阿圖拉斯·斯利齊奧卡斯（Arturas Slidziauskas）就在里斯本經營著這間極簡風格的書籍和雜誌店。這間書店的特色就是白色與藍色的門面，座落在古爾本基安美術館（Museu Calouste Gulbenkian）與附設公園之間，在這裡，建築、自然與藝術在葡萄牙的陽光下融合在一起。

　　喜愛藝文活動的人，會來這裡參加新書發表會、創意活動，還有許多與媒體專家交流的晚會。「我們開書店的目的，就是想要是激勵當地人投稿給店內架上的這些雜誌，甚至是創辦自己的刊物，」路易斯說：「現在，我們可以很自豪地說，我們已經看到了一些這樣的例子。繞了一圈，他們的作品也來到我們的店裡，這種感覺真好。」他認為雜誌是組成當代文化的重要成員，也是不可缺席的時光膠囊。「身為書店主人，我們很了解編輯、明白他們的故事，以及他們為雜誌付出的所有努力。所以我們會向客人講述他們的故事，讓他們更接近這些作品，也更接近做出這些刊物的人。」

CINNOBER 辛諾堡書店

丹麥・哥本哈根

擁有精心挑選的工藝和設計類書籍，
這間以身心靈全人思維經營的藝術書店兼藝廊，
替哥本哈根增添多許色彩。

左圖：鄔拉・薇玲達的地下樓層小店就位於哥本哈根的天文塔旁邊。

下圖：除了精選的藝術和設計類書籍，辛諾堡還販售精美的文具和令人想擁有的隨身物件。

左頁：挑選空間範圍內所要呈設的每件單品，其關鍵在於物件的品質與價值。

身為一名專業的視覺與織品設計師，辛諾堡的負責人鄔拉・薇玲達（Ulla Welinder）對精美手作物非常了解，並且擁有獨到眼光。華麗的大部頭精裝書《日本紡織品》（*Textiles of Japan*）展示藏家托瑪斯・默里（Thomas Murray）的收藏，菲律賓藝術家瑪麗娜・克魯茲（Marina Cruz）的作品專輯《呼吸的圖樣》（*Breathing Patterns*），都可在這間位於哥本哈根天文塔旁的地下樓層書店裡找到，為她店裡的白色書架增添不少光彩。鄔拉解釋，「除了內容之外，我覺得藝術和設計類的書冊本身是令人感到美好的物件，紙張品質、裝訂、印刷、封面設計和內容共同打造出一個完整的體驗⋯⋯為了展示這一切，挪移空間出來與顧客分享，是一項特別的恩典。」精選的文具與書籍陳列，看起來相得益彰。然而，鄔拉的忠實顧客也很享受奇諾堡書店裡那股鎮靜的氣氛。「我遇過顧客進來逛，他們先是瀏覽了書籍和紙類商品一會兒，接著吸口氣、放鬆了肩膀後說：『喔，我真需要辛諾堡的味道！』」

10 CORSO COMO
概念店

義大利‧米蘭

作為一名義大利時尚界女強人，策劃起她自己的書店，
奢華鋪張是絕對少不了的。

座落在一棟傳統的米蘭宅邸，整體書店閃耀著奢華美學的光環，這是出自一位同樣耀眼的藏家、畫廊主理人暨時尚編輯卡拉‧蘇璨尼（Carla Sozzani）的創意。風格時尚與設計，她視之如命，曾擔任過幾本不同時尚雜誌的主編，往來的朋友圈中許多都是具影響力的攝影師；10 Corso Como 這間世界知名的概念店，是依她獨特鮮明的時尚品味所一手策劃的。而書是義大利人生活中仰賴的一部分，因此，書店和畫廊構成了這家店的焦點。蘇璨尼「打造了一本活的雜誌，雜誌中的編輯精選，那些關於美食與時尚、音樂與藝術、生活風格與設計的主題，都是由訪客與顧客持續更新打造的。」選書充分反映了她的時尚背景，知名設計師例如皮爾‧卡登（Pierre Cardin）、阿瑟丁‧阿拉亞（Azzedine Alaia）、馬諾洛‧布拉赫尼克（Manolo Blahnik）的大部頭時尚書籍，與藝術、設計、建築和攝影類別相關的精美書籍分庭抗禮，流行的色彩和吸睛設計元素隨處可見。內行人教一招：你可以躲到店內的咖啡廳或庭院花園裡去好好享受新購得的寶物。

左頁：10 Corso Como 概念店座落在獨具魅力的米蘭宅邸內，有一座宜人的庭院花園。

下圖：藝術達人卡拉‧蘇璨尼設計的這家書店堪稱是她傳奇人生的一部分。

POWELL'S BOOKS
鮑威爾書店

美國奧勒岡州・波特蘭

重度書迷的終極目標：這間家族式經營的書店以海量的書籍
占據了一整個街區。

上圖：鮑威爾書店擁有超過兩百萬本書籍，是美國所有書店中選擇最多的書店。
左頁：這間家族企業如今在波特蘭及其周邊地區擁有五百五十名員工和五家書店。

「有人將參觀我們的旗艦店比喻作俯瞰大峽谷的邊緣，」艾蜜莉·鮑威爾（Emily Powell）說：「進入這盤據整條街區的書世界，是一項令人感動的體驗。」她是目前這家知名書店的負責人，此書店擁有超過兩百萬冊的藏書量，堪稱美國最大。鮑威爾書店由她的祖父華特·鮑威爾（Walter Powell）於一九七一年創立，她的父親麥可·鮑威爾（Michael Powell）接續經營。

「我爺爺告誡我說，我們的工作是為作家的聲音與讀者的耳朵牽線，而非讓我們的私欲介入兩者之間，」艾蜜莉說：「而我父親不僅讓我喜愛上書籍本身，而且還教會了我熱愛圖書銷售這一行。」現今有近五百五十名員工在波特蘭及其周邊地區的五家鮑威爾書店工作。

「我們與波特蘭的關係特別密切，在美國，有哪個城市可以將書店列為最吸引人的地方？」波特蘭這座城市絕對當之無愧。鮑威爾書店每年舉辦超過五百場作者新書發表會，年紀最小的讀者們則受邀參加故事時間；一連串的寫作工作坊、遊戲互動示範和讀書會，完整了書店豐富的文化活動計畫。

「猶記得小時候，我坐上爺爺去收取與運送書本的貨卡。」艾蜜莉回憶道：「當時我的夢想是，等我長大了也要開這臺『行動書店』，如今許多方面看來，這正是我從事的工作。」

POWELL'S BOOKS 鮑威爾書店

左圖：艾蜜莉·鮑威爾是此書店經營家族的第三代成員，以無數場活動的舉辦，豐富了波特蘭的文化景觀。

下圖：鮑威爾書店每年舉辦超過五百場活動，囊括讀書會、工作坊到遊戲時間。

左頁：鮑威爾的祖父有個雄心勃勃的想法，並在一九七一年創立了這家成功的書店。

他們是怎麼做到的呢？

越小眾越好：為什麼專業主題書店得以生存，而且蓬勃發展？

在一家位於米蘭的海洋書店（Libreria del Mare）裡，架上擺放的全都是關於造船說明、海洋學專論和航海家傳記的書籍。這家小書店專門經營與海洋有關的文學作品，不僅自一九七三年就開始營運至今，甚至逐漸擴大經營範圍。海洋書店就是那種迷人的小眾獨立書店之一，因著特殊主題概念生存得有聲有色又成功。畢竟，任何專業化的嘗試都是在進行一種平衡的行為與思考。選書是否夠突出？抑或是走得太偏，太離譜了？客戶是否可能對特定的產品保持長時間的興趣？書店的利基優勢是否有潛力提供源源不斷的新文學作品和靈感？市場是否尚未完全飽和？

亞歷山德羅・吉里歐拉（Alessandro Gigliola）與另外兩位航海愛好者一起經營這家海洋書店。他說：「我們的優勢在於經銷團隊的專業能力，藉由對出版物和產品的深厚了解，我們能根據讀者的品味和需求，引導讀者做出正確的選擇。」熱愛海洋的作家經常到米蘭的書店裡朗讀，此外，海洋書店也與各種私人和公共機構合作，從而將志同道合的人聚集在一起，不分年齡、職業或國籍。

比起具有更廣泛吸引力的通才，將書店導向針對專門主題的人，學識範圍較為狹窄；但同時他們不會為了跨領域而分散精力，而是聚焦鑽研於一特定的點上。換句話說，一家書店的利基市場越小，背後主導的人見識越深，正是這種深厚的專業知識確保模式成功。純粹以邏輯來判斷，有一點很清楚的是，致力於特定主題或特殊領域的人，在書店能夠更有方向地進書，以及提供讀者建議。歸根究柢，如果讀者客戶正尋求切身的建議和靈感，他們大部分都會去小眾的專門書店尋書，比起從電腦運算生成的資訊系統去判斷，透過人與人之間的傳遞仍然是更佳的方式；基於小眾書店本身的性質，在那裡發現更多有趣書籍的機會將大大提升，另一項特色則是，這種小眾專門書店保證能讓讀者在著迷的領域中作完全沉浸式的享受。

距離海洋書店約三百英里之遙，位於法國馬賽的英貝儂書店專售建築類書籍以及相應的藝術和設計類出版物。頗為名符其實的是，這家專業書店正好座落在由明星建築師柯比意設計、並受聯合國教科文組織保護的主要建築體內。凱蒂亞・英貝儂是這家書店的經營者，同時也出版建築書籍，丈夫身兼建築師、歷史學家暨馬賽國立高等建築學院教授。凱蒂亞說：「經常有來自各大洲的專家和建築愛好者的參觀，這棟建築亟需要我們這家書店。」她對挑選書籍非常嚴格，必須是能為二十世紀建築主題帶來豐富資訊量的出版物；透過精選的書籍品項、稀有版本、經典名作和新版發行，涵蓋了從功能主義到包浩斯和後現代主義的廣泛主題。專業的知識和發自內心的熱情，是這家書店長久生存的基礎。

來到英吉利海峽另一端，有家專門研究神祕學的人氣書店，崔德威爾氏（Treadwell's）。書店裡塞滿了新鮮或稀有的書與古籍，全都是關於魔法、煉金術、應用巫術、占星術、儀式執行的說明以及魔法配件。藉助於讀書會、塔羅牌諮詢、薩滿療癒課程等特殊活動的舉行，這家位於倫敦的書店周圍形成了一個小社團，並且不斷壯大中。店主克里斯蒂娜・奧克利－哈靈頓（Christina Oakley-Harrington）高興地透露，「最近我們收到最大的讚美，說我們成了世界上最著名的奧祕書店。」她正是將自己的熱情轉化為夢想職業的成功例子，顧客除了能找到他們心中嚮往的書以外，還受惠於這位長期與魔法打交道的女士所提供的寶貴知識。

位於紐約的女學者書店（Bluestockings），販售書籍以跨性別群體（LGBTQ+）、黑人平權、守護氣候和全球公平的議題為主；在這裡，非主流群體和目標讀者如出一轍。該書店以基進女權運動的參與者自居，並為他們許多顧客提供一個受保護的空間，讓他們可以在此放心充分地做自己。瑪蒂達·薩巴爾（Matilda Sabal）是女學者書店眾多的積極志工之一，主持女權書店與活動空間。多年前，她帶著明確的目標來到女學者書店，希望更深入地研究殘疾人士的平等議題；而今她仍在此工作，從令人鼓舞的選書，以及在這家小眾獨立書店周圍湧現的支持團體看來，證明她的選擇是對的。她說：「對我以及許多其他讀者來說，在女學者書店的經驗，是他們第一次真正感受到被看見，同時從在這個空間裡感知到他們自我的掙扎和身分。」

我們現在知道書店選書可依一個主題為重心，但至此以後該如何發展？位於日本的森岡書店採用了一種，實際上跟聽起來一樣神奇的超極簡主義概念：「一冊，一室」。或者準確來說，應該是一書量售，每週只賣一書。書店負責人森岡督行，藉由推廣集中專注力與緩慢閱讀，來加深讀者與作者及其文字的連結。透過全神貫注於一本書上，他希望能夠豐富顧客在閱讀經驗中不可或缺的樂趣。

至於那些令人擔憂的線上商業巨頭呢？從許多基本方面比較看來，例如服務方式、專業知識和體驗上，都與小眾獨立書店不同，因此線上商機其實並不能被視為競爭對手。唯有提供完整的客戶服務經驗以贏得顧客的

左圖：只賣一本書的東京森岡書店。

歸根究柢，如果讀者客戶正尋求切身的建議和靈感，他們大部分都會去小眾的專門書店尋書。

書店仰賴那些會在書櫃之間碰面、聊天和思考的人。

企業，才會生存下來；也就是說，即使小眾獨立書店也必須與時俱進，而他們當中大多數都有線上商店展示和銷售書籍，將商品照片上傳至網頁並經由社交媒體發布特別活動的邀請。傳統與發展是可以齊頭並進的。更重要的是，與主流書店相比，小眾獨立書店在更大的程度上，仰賴於會在書櫃間碰面、聊天和思考的人群。當志同道合的一群人相聚共度一個美好的晚間聚會，在舊船舵輪和指南針的背景下談論海洋學，或者在聯合國教科文組織登錄為世界遺產的建築裡，與建築系教授進行專家級的討論時，賣書這件事幾乎成了附帶的舉手之勞。可想而知，這一切都不可能在網路上發生。在非主流群體的書店裡能夠作意見交流、參與其中或進行革命性的討論，或者只是沉浸於根本不需要做選擇，只有一本書擺在你面前的體驗……這些都是只有在小眾獨立書店裡才可能進行與發生的事。

本文作者旅遊作家瑪麗安‧朱莉亞‧史特勞斯（Marianne Julia Strauss）走遍全球，為了搜尋頂尖的書店。在本書中，她收集了這些精選書店，絕對值得旅行時加入清單。

177

KRUMULUS
克魯姆魯斯童書店

德國 · 柏林

不要長大，這是個陷阱。這家柏林童書店是最佳的抗老療方。

左圖：這些字母不只可讀，甚至可以挑起來使用；因為這家店開設了自己的藝術印章印刷工作坊。

下圖：在廣受歡迎的工作坊活動中，孩子們可以動手參與，例如以色彩明亮的字體打印裝飾自己的背包。

左頁：「長襪皮皮」風格派對！這家兒童書店以其豐富多彩的派對而聞名。

　　「親愛的小克魯瑪魯拉，我不想長大，永遠也不想。」說完這些話，長襪皮皮（Pippi Longstocking）和她的朋友湯米和安妮卡吞下了神祕的克魯米樂斯（Krummelus）藥丸，這樣他們就永遠不必成為無聊的老人了。好在有些大人一點也不無聊，反而開起了精采的兒童書店，採用了和長襪皮皮的抗長大藥相近的名字。二〇一四年開始，安娜・墨林豪斯（Anna Morlinghaus）不僅經營童書店克魯姆魯斯（Krumulus），同時也銷售二手童書，打造畫廊、藝術印章印刷工作室和閱覽室。身兼四個男孩的母親和書店經營者，她解釋道：「克魯姆魯斯是孩子們的地方，一切都應該是友好、有趣，易於親近和直接明確的。在克魯姆魯斯，你可以觀看所有東西，也可以觸摸幾乎每樣東西。」這個原則也適用於選書上，這裡的童書適合孩子們自己閱讀或由大人讀給他們聽，從興奮的故事到幽默的笑話，這個空間涵蓋了孩子們夢想的一切。為了實踐這個想法，墨林豪斯為兒童創建了一個又一個、活力滿滿的活動計畫，每年舉辦超過兩百五十場活動，例如兒童圖書插畫者的定期展覽、創意課程、朗讀會、藝術印章印刷工作坊、音樂會和戲劇表演，讓年輕小讀者們

感受歡樂、鼓舞和挑戰。安娜是資深平面設計師，長期在柏林經營一家畫廊。她回憶道，「當我有了第一個孩子時，我發現自己非常喜歡故事和插畫。」現今，書店裡的空間幾乎快不足以容納許多對她來說很重要的書籍。「孩子們是很棒的客戶。他們有好奇心、熱情又有趣、不可預測卻極其誠實，有時讓人筋疲力盡，但總是新鮮、活力充沛。一旦你長大了，身邊還能有很多小克魯姆魯人相伴，是件挺美好的事。」

上圖：克魯姆魯斯的店主人安娜，為小讀者們創造了一個充滿活力的夢想樂園。

左頁：克魯姆魯斯既是書店，同時也是古老絕版童書的銷售點、畫廊、藝術印章印刷工坊和閱覽室。

BILDERBOX
圖像箱子漫畫店

奧地利・維也納

位於維也納的漫畫店，專售圖像小說、插畫藝術圖書，
以及明亮的塗鴉風格配飾。

　　圖像箱子漫畫店裡，白色書架上展示著漫畫和插畫藝術圖書，各自看來就像是一件件的小藝術品。書陣中散置著色彩鮮豔的噴漆罐、亮黑的麥克筆、速寫本、畫筆以及一系列墨水和顏料，分享給想要試試自己藝術身手的顧客。店主梅爾特・史坦豪森（Malte Steinhausen），從他打造關於圖像箱子的一切，到內部裝潢配件，都在實踐這個自己動手的理念。「我開店的時候才三十歲，一點經驗都沒有，但我很幸運，剛好在街頭藝術和圖像小說流行起來的時候開了這家店。」當顧客翻閱著梅爾特精心挑選的商品時，他最喜愛的歌曲正在店裡播放著，此刻如他所言：「這也是我如此熱愛經營圖像箱子的另一個原因。」店裡滿滿都是梅爾特最珍視的書目，其中如法國藝術家溫斯盧斯（Winschluss）對《木偶奇遇記》的全新演繹暗黑版。「經營一家書店，必須要能不落俗套，」梅爾特話中有話地說，「畢竟聖誕節一年才一次！」

上圖：覺得躍躍欲試嗎？書店裡還有販賣塗鴉藝術家的工具配件等。

下圖：店面外觀就像一本打開的書，圖像箱子售有最吸睛和令人興奮的圖像小說和漫畫。

BILDERBOX 圖像箱子漫畫店

左圖：毋庸置疑的，店主梅爾特‧史坦豪森本人就是一個極致的圖像小說迷。

下圖：這裡的書架就像小寶庫，知名漫畫家巴斯卡‧哈巴提（Pascal Rabaté）精緻的圖像小說是常年的亮點。

左頁：圖像箱子如實地力守 DIY 原則：這裡的一切，從櫃檯到書架，全是手工訂做。

MORIOKA SHOTEN
森岡書店

日本・東京

這家日本書店只賣一本書；真的，就一個書目。

日本人可說是將極簡主義藝術發揮得最為盡致的民族。森岡督行如今已將此概念應用到一個乍看之下完全不適合的領域，以他姓氏為名的森岡書店只賣一本書。準確地來說，是單一書目，不限數量販售，但每週只賣一種書。二〇一四年，在設計機構 Takram 主辦的商業活動中，森岡秉持一派極簡的風格，以一張紙提案，驚豔四座。在此之前，森岡從事書商工作多年。設計師開始與他合作，幫助他將這個想法發展成一家真正的書店。「森岡書店，一冊、一室」的口號，將文化企業一語道盡。這家書店的成功正是因為它的商品完全地直截了當，並且自此以後，讓書店環境本身變得小有名氣。

上圖：這家書店的展示手法非常令人印象深刻，畢竟，森岡書店一次只賣一個書目。

左頁：森岡督行非凡的書店實踐了極簡主義精神，並達到極佳的效果。

PRINTED MATTER
印刷物書店

美國 · 紐約

印製成冊：一九七〇年代，一群藝術家發現書本可作為一種藝術形式，
進而成立了一家書店。

　　法國大文豪維克多·雨果（Victor Hugo）認為，印刷機的發明是世界歷史上最重大的事。印刷物書店的八位主人也認同這樣的觀點，因此整個書店致力於此一項重大發明。自一九七六年開設以來，他們一直作為推廣和鑑賞藝術家書籍的非營利組織。該團隊解釋：「為了回應人們對藝術家製作的出版物日益漸增的興趣，印刷物書店於焉誕生。」如今，他們在位於第十一大道的空間敞手歡迎對印刷感興趣的訪客到來，並為此做了一些調整。

　　「自一九六〇年代初期以來，藝術家們開始探索書籍形式作為一種藝術媒介的可能性。大版面的出現以及出版物更為經濟的生產方式，使得藝術作品變得讓人負擔得起，並且可以在主流畫廊系統之外流通。」直至今日，印刷物書店仍推廣不平凡、具創意和令人驚豔的書刊作為繁複而有意義的藝術品，並為這種曾經被低估的藝術形式，提供了一個絕佳的展示平臺。

BLUESTOCKINGS
女學者書店

美國．紐約

這家基進女權主義書店用愛、熱情與文學為彩虹世界奮戰。

「女學者書店是愛的勞動，由一群志工經營。我們認為，這個包容基進的空間存續至關重要。」在紐約經營女權主義書店和活動空間的瑪蒂達·薩巴爾說道。她是眾多積極的志工之一。自一九九九年以來，這家書店遵循「Bluestockings」（女學者）的傳統——指稱出自十九世紀中葉，一群為解放婦女與婦女權利而奮鬥的知識女性。這裡是「基進的女權主義書店和基進者空間」，志工們如此形容他們共同經營的這家書店。對於他們當中許多人來說，這裡成為一個家以外的家，也是一處不會受到評判與深受保護的場所。在銷售的書籍範圍與緊湊的活動計畫裡，涵蓋了從多元性別族群（LGBTQ＋）到黑人平權，從守護氣候到全球正義的議題。在以公平貿易為原則的咖啡館裡，兼容並蓄、積極投入的團體參與了作者讀書會、政治討論和開放性別的研討會。「我們努力讓女學者書店成為每個人都感到安全的環境。」瑪蒂達說：「那些其他書店縱使上架了也藏在店後頭的書籍，我們都有賣，對我，以及許多其他人來說，這家書店是第一個真正感受到被人看見的地方之一。」

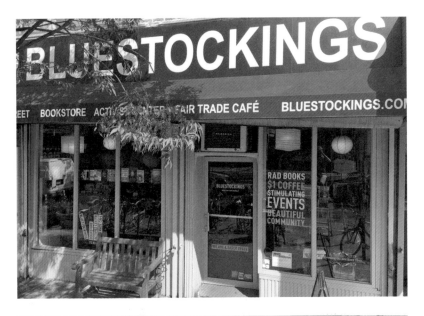

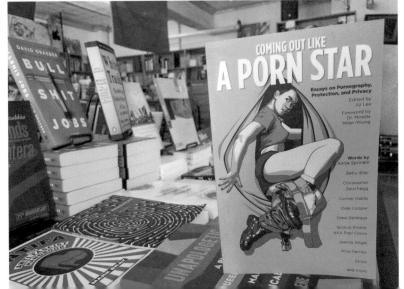

上圖：書店以歷史名稱「Bluestockings」命名，現今指稱為解放社會而奮戰的人們。

下圖：女學者書店銷售的書籍範圍廣泛，議題涵蓋女權主義、黑人權利和環境保護。

左頁：自一九九九年以來，紐約書店在許多基進志工的幫助下發展壯大。

PROUST
WÖRTER + TÖNE
普魯斯特文字與音樂

德國・埃森

這家無塑料書店同時有實體店面與作為書店化身的文學外送服務，
很樂意幫助顧客找到他們心目中那本扣人心弦的書。

法國作家普魯斯特（Marcel Proust）的《歡樂時光》（*Pleasures and Days*）肯定會出現在這家書店的選書架上。「普魯斯特文字與音樂」是魯爾區一處文化機構。二〇〇五年成立於埃森至今，這家獨立書店的經營者彼得・柯林（Peter Kolling）和貝特・舍爾澤（Beate Scherzer）說道：「每六個月，我們會整理出一系列我們認為能打動人心的主題成為新選書。我們可能會從獨立出版社中選擇，讓人從外到內對自己有全新的審視洞察，或促進對文學多樣性或讓人深思的文化診斷，保持開放的態度。」如此立意良好的自我激勵，只有店裡友善的書間咖啡（Café Livres）的自製手工蛋糕和出色的音樂提供，能與之共襄美好。書店名稱中的「Töne」（德語「音調」之意），則是以古典音樂和爵士樂的播放實踐出來。書店團隊透過活動滿足訪客對文化的渴望，甚至連像 T・C・博伊爾（T. C. Boyle）和荷塔・慕勒（Herta Müller）這等文學重量級人物，也曾受邀於店中參與座談。

這家書店執意不使用塑料，他們團隊只發行紙袋和布袋，並積極鼓勵出版商不要對他們的書進行收縮膠膜包裝。不只如此，書店還以自行車或「普魯斯特小貨車」提供免費的外送服務。「出於各種原因，有些人無法親自到店，即使他們不能如己所願的行動自如，我們仍然希望做他們的生意，繼續為每個人提供閱讀資源。」工作人員如此說道。於是每週兩次，工作團隊上路了，載著令人喜愛的書和美酒，以熱絡親切的對話到府交流，與人為樂。「所有人都是贏家！」彼得與貝特笑容流露地說。事實上，連年獲得德國書店獎證明了他們的成功。畢竟，正如德國老牌出版商克勞斯・瓦根巴赫（Klaus Wagenbach）所說：「只有在像普魯斯特這樣的書店裡，你才有可能邂逅原本你不想要，但卻絕對需要的書。」

上圖：彼得・柯林和他的團隊經常開著「普魯斯特小貨車」前往到行動較不便的客戶那裡。

左頁：在普魯斯特文字與音樂書店的落地玻璃幕牆後，文學、音樂、活動和永續發展，隨時上檔。

TREADWELL'S
崔德威爾氏書店

英國·倫敦　通關密語是什麼？

這家神奇的書店鼓勵新視角，
並將好奇的遊客帶入神祕的智慧和魔法世界。

右圖：尋求建議、娛樂或魔法同好的人湧向每週一次的塔羅之夜。

左頁：藉由聚焦魔法主題的精選書籍，這家書店滿足了讀者一項與人類本身一樣古老的渴望。

　　即使總是祕密地進行，神祕學自古就是我們世界文化中重要的一部分。克里斯蒂娜‧奧克利－哈靈頓將她獨特的書店專門用於研究這些謎團。對所有神祕事物感興趣而來到這裡的訪客，一定能找到有關凱爾特和非洲的魔法、占星術、煉金術和應用巫術的書籍，更不用說塔羅牌套組和魔法儀式用品了。

　　「我們的特色是自帶魅力的神祕學；國內的主要德魯伊成員曾經和我們一起舉辦了一場新書發表會。他穿著長袍出席，而年輕的女權主義信奉者則進來書店尋找關於巫術的書籍，為求破解父權階級制。」店主笑著說明。樓下的冥想室出租給人，使用於薩滿儀式、異教徒婚禮和召喚天使的儀式。英國民謠搖滾樂團「蒙福之子」（Mumford and Sons）也曾透過在崔德威爾氏的「書店集會時間」，展開他們的演藝生涯。「那是一次美妙的體驗，對我們來說，魔法稱得上是廣泛意義上的藝術形式。」

　　克里斯蒂娜於二〇〇三年開設了崔德威爾氏書店，此前她曾在學術界任職一段時間。她的店面位於布魯姆斯伯里區（Bloomsbury）綠樹成蔭的商店街上，自然地受到仁慈的守護神保護。「我們的守護神是智慧女神，」她解釋道。如同鍊金術士邁克‧邁爾（Michael Maier）在其一六一八年的著作《飛行亞特蘭大》（*Atalanta Fugiens*）中所描繪的那樣，店內有一處小神壇供奉著一位代表智慧化身的女性。「在該書圖像中，智慧女神從手中生出繁榮和富足、智慧和神祕學的祕密；她是我們的精神領導。」

　　這家書店的靈感取自於十八世紀偉大的巴黎沙龍，在那裡訪客們結下友誼，播下革命的種子。按照沙龍的傳統，書店每週至少舉辦一場晚會、閱讀會或其他活動。這些活動是崔德威爾氏書店存續的命脈。「書店是

我們的守護神是智慧女神，
店內有一處小神壇供奉著這位代表
智慧化身的女性。

上圖與左圖：崔德威爾氏書店裡銷售從
鍊金術到魔法的各種書籍，以及相關儀
式的配件和用具。

右頁上圖：店裡走道上，對魔法感興趣
的新手與經驗豐富的薩滿巫師和魔法師
不期而遇。

右頁下圖：崔德威爾氏不僅是賣魔法
書，還保留了人類文化中經常被壓抑的
部分。

實踐抵制精神的地方，是新作家的家，也是寫作歷史的守護者。」克里斯蒂娜指著掛在牆上的德國詩人海因里希·海涅（Heinrich Heine）名言說：「一旦他們開始燒書，最終他們會燒死人。」她補充，「我們是受人尊敬的書籍保管人，同時也是媒人。我們將盡其所能地，為每一個充滿渴求的讀者找到心目中完美的書。讀者，就是尋找摯愛的人。」

197

TREADWELL'S 崔德威爾氏書店

上圖與左圖：崔德威爾氏書店因其精美的商品選擇而享譽全球，從一般的參考書籍到完整的稀有叢書。

左頁上圖：這家迷人的書店自二〇〇三年以來一直不斷擴大經營範圍。

左頁下圖：崔德威爾氏書店視己為藏在店裡知識的守護者和中介者。

ANALOG 類比書店

德國・柏林

三位出版商、一家雜誌店和一名家具製造商，
以他們對類比世界的熱情接管了原先位於柏林的一家畫廊空間。

左圖：艾利克經理身兼書籍作者、大學藝術教授、字體設計師和熱誠的平面設計師。

左頁：這家位於柏林波茨坦大街的書店是三家出版社、一間雜誌店和一間家具製造商的起源地。

　　真有個性！在繁華的波茨坦大街上，集體經營的類比書店旗艦店裡，沉重有力的 Korrex 印刷機是一切運轉的心臟，這裡每樣事物都圍繞著印刷的文字和圖像。「我們希望鼓勵閱讀和使用類比的產品，如書籍、雜誌、筆記本。」艾利克·史畢克曼（Erik Spiekermann）說道。在他的印刷工作室隔壁的畫廊空間閒置下來時，這位平面設計師匯集了 Gestalten、Niggli、Kehrer 三家出版社，「DO YOU READ ME?! 你懂我嗎？」柏林雜誌店和尼爾斯·霍爾格·穆爾曼（Nils Holger Moormann）家具製造商，一起開設了「類比」。店裡架上擺滿了與印刷和排版有關的活版印刷模塊、杯子、鑰匙圈、筆記本和明信片，以及一系列相關內容的設計類參考書。「這些書籍包含了所有人類的知識並具有兩種功能，」艾利克說：「其一，內容；其二，物件。一本好書必須兩者兼備。它必須是一個美麗的物件，並且言之有物。」

ANALOG 類比書店

上圖：艾利克（左）使用約翰尼斯堡高速印刷機製作的限量版「Weltformat」海報節印刷品。

左圖：當然，架上書籍類別都是專門介紹印刷技術、排版等平面設計的書。

左頁：類比書店隸屬於隔壁的印刷工作室 p98a，他們定期開放觀摩和舉辦工作坊。

LA LIBRERIA
DEL MARE
海洋書店

義大利·米蘭

兩萬本關於海洋的書籍！
在這裡，冒險家與海洋愛好者可以網羅到海量的海洋題材書。

在這家迷人的店裡，歷史悠久的櫻桃木架上曾經擺滿了橄欖、乳酪、糕點和糖果，如今轉而販售心靈的甜食：專賣海洋書籍的海洋書店，俘獲了無數水手的心。「我們的書店是一小群海洋愛好者和熱情的書商共同組成的。」亞歷山德羅‧吉里歐拉（Alessandro Gigliola）說道，他與皮埃拉‧卡薩里（Piera Casari）和西蒙娜‧托里亞尼（Simona Torriani）一起經營這家位於米蘭的書店。「我們希望與他人分享對海洋和自然的這份熱愛……我們的書店不僅僅是買書的地方；也是遠離都市生活壓力的港灣。這裡是一片寧靜和平的綠洲，所有海洋愛好者都可以在這裡休息片刻，聞一聞空氣中鹹鹹的海味。」亞歷山德羅一點也不誇張，海洋書店有吸引人的海洋特色設計，指南針、海洋主題海報和其他必不可少的海上航行用品，替豐富的書籍選擇增添濃厚的海洋氛圍。

書店團隊特別喜愛兒童讀物區，團隊評價特別高且認定為內容豐富的書籍，經常能吸引年輕的讀者和水手們前來。書店裡還收藏有海洋珍稀書籍，對於真正的海員來說，今日仍在海上航行使用範圍中的航海日誌和海圖，無疑是主要的吸引力。海洋書店還參與了義大利海洋電影節和米蘭藍色都城計畫。船來囉！

上圖：遍地都散發著鹹鹹的海味，從書籍到裝飾，這裡的一切都獻給大海。

左頁：這家書店對於海洋愛好者來說是一個名符其實的安全港口。值得注意的是，它其實距離最近的海岸才九十多英里。

LA LIBRERIA DEL MARE 海洋書店

上圖：全在海上的米蘭！在此書店其他的
事業發展中，團隊還參與了義大利海洋電
影節。

右圖：海洋版畫、指南針和航海配件與店
裡的選書搭配得相得益彰。

右頁上、下：經驗豐富的水手還可以在海
洋書店找到航海日誌和海圖。

CITY LIGHTS
城市之光書店

美國加州・舊金山　美國的脈動之心與詩魂

作為「垮派」詩人、越戰評論家和環保運動家首問世作品的出版商，
幾十年來，這家書店成為文學抵制運動的代名詞。

右圖：時至今日，「城市之光」系列選書包括激進、左傾和革命性的著作。

左頁：成立於一九五三年，這家書店名稱得著於知名的卓別林電影《城市之光》。

故事是這樣的：城市之光一開始只賣平裝書，一九五三年，勞倫斯・菲林蓋蒂（Lawrence Ferlinghetti）和彼得・D・馬丁（Peter D. Martin）每人出資五百美元，握手成立了這家書店，當時他們根本想像不到，自己會催生出世界上最有影響力的書店之一。在舊金山蓬勃發展的藝術場景中，出現這家耐人尋味的書店的消息很快就傳開，「一旦我們開門，晚上就幾乎關不上門了，因為這裡總是人聲鼎沸！」現任經理兼出版商伊蓮・卡森伯格（Elaine Katzenberger）引述創始人菲林蓋蒂的話說，他繼城市之光後，隨即又成立了自己的出版社。

幾十年前剛開始的時候，伊蓮到城市之光打工，如今，她的職責包括打理出版社部門，該出版社曾率先出版美國「垮派」詩人艾倫・金斯堡（Allen Ginsberg）的傳奇作品《嚎叫及其他詩》（*Howl and Other Poems*）。

「在一九五〇年代，我們出版了一些後來成為垮派詩人的第一本書。」她說：「接著在一九六〇和一九七〇年代初期，則是對越戰、環保運動的抵制，對傳統精神的試驗，被認為是嬉皮文化和理想主義的催生。在雷根總統時代，焦點聚集在中美洲的戰爭和反核運動。城市之光既是一個歷史性機構，也是當代社會中活生生的參與者，這就是我們在這裡所做的工作。」

一九五五年，勞倫斯成為城市之光書店的唯一負責人，他做出了一系列大膽、前衛的出版決定，為他贏得了具遠見的自由精神之美譽，但也導致他多次吃上官司被捕。伊蓮說，憑藉勞倫斯經營的書店與出版模式，他做到不僅是在舊金山傳播他的理念，也讓他出版的書在全國，甚至國際舞臺上廣為人知。至今新聞報刊上刊登當代本土或國際作家們具革命性、批判性的文章作品，

我們既是一個歷史性機構，也是當代社會中活生生的參與者。

都是選自「城市之光詩人口袋書」（*City Lights Pocket Poets*）系列的作品。這家書店視己為美國長久具抵制運動和言論自由傳統的一分子，這點從其書架上的選書可以清楚看出來。「圖書銷售之道，與其說是針對市場做出反應，不如說是透過書架上的選書，展示出我們與眾不同的觀點，來發展屬於它的市場。作為獨立書商，我們是連接作家和讀者的橋梁上最後一塊木板。」為此，城市之光書店專注於世界文學、詩歌、藝術和進步的政治。該書店還支持鮮為人知的新興作家以及獨立出版社。伊蓮總結道：「人類尚在尋找合作，或情同共感的故事，儘管書寫或閱讀一本書的經歷，可能是非常個人和孤獨的過程，但一本書記錄著我們共同的經歷。因此，書店就如同人類靈魂的倉庫。」

這家書店的名聲響亮，以至店面左邊的小通道都以他們好朋友的名字命名：
傑克・凱魯亞克巷（Jack Kerouac Alley）。

CĂRTUREŞTI CARUSEL
書之旋轉木馬

羅馬尼亞 · 布加勒斯特

如童話般的書店座落在羅馬尼亞首都中心，讓一座迷人的宮殿重現生機。

在這棟歷史悠久的建築裡，書籍散布在耀眼的四層白色樓板間，「書之旋轉木馬」傳遞的不僅是書本的故事，這家非凡的書店，同時述說著其所在建築的傳奇歷史，該建物在近幾年裡重獲生機。二十世紀初，它屬於有影響力的克里斯索韋洛尼（Chrissoveloni）銀行家族，「大樓在共產主義政權期間被收歸國有，」兩位書之旋轉木馬的經營者，塞爾班 · 拉杜（Serban Radu）和尼可萊塔 · 約旦（Nicoleta Iordan）說。革命成功以後，房子空置了很長一段時間，直到成了嚴重破敗的狀態才歸還給克里斯索韋洛尼家族繼承人。他們投入龐大的投資與兩萬小時的修復工程，委託給一號廣場（Square One）建築師事務所，在尊重建築體歷史的前提下，賦予其現代的外觀。塵封四分之一世紀之久後，大門終於在二〇一五年重新開啟，這座令人愉快的建築就此成為對民眾開放的書店。

書之旋轉木馬占地超過一萬平方英尺，是書籍愛好者和優良設計品愛好者的美夢天堂。頂層是一家小餐館，地下室則是多媒體空間，一樓畫廊舉辦當代羅馬尼亞藝術展覽。塞爾班和尼可萊塔除了書之旋轉木馬書店，在羅馬尼亞還經營其他書店。他們精心挑選書目、設計商品，安排各式從新書發布會到品酒會的活動，綜合這些特別的元素，贏得了忠實且以年輕人為主的客戶。他們視自己為提供文化聚集地的策展人，「讓閱讀再次變成一件酷的事情」成了他們主要的成就。

兩人繼續說道：「買書應該是一種體驗。我們非常重視建築、室內設計、燈光和視覺識別，因此每間書之旋轉木馬背後都有獨特的設計理念，由知名的羅馬尼亞建築師和設計師或年輕的新興藝術家所共同創造。」他們所開設的店在國際上越來越有知名度，經常出現在蒐羅歐洲最美書店的出版物中出現。書之旋轉木馬經常被

215

CĂRTUREȘTI CARUSEL 書之旋轉木馬

稱為「世界上最適合晒到 Instagram 上的書店」。他們說明：「在布加勒斯特快速發展的城市文化中，這家書店一開始就成功地吸引了引領潮流的年輕人，為他們提供一個可以自由學習、相互聯繫、閱讀、實驗、共同創建計畫與活動的平臺。」

左圖：該建築似乎構成了這座歷史建築內的景觀，尤其是修復後的四樓，更是絕美傑作。

下圖：在所有樓層中，光線充足的書店地下室被規劃成多媒體區域。

右頁：這座宏偉的建築空置了四分之一個世紀，直到國家歸還給它的合法繼承人。

BAHRISONS
巴里松書店

印度・新德里

當生命的波折把一位足智多謀的書商帶到新德里；
一段飛行的故事，成為一則令人折服的成功故事。

巴拉傑‧巴哈里（Balraj Bahri）創造了豐富的傳奇。一九五三年緊接著印度分裂後，他在新德里一個流離失所者聚居的地區開設了巴里松書店。如今，他在可汗市場（Khan Market）的店面，成為印度首都最熱門的文學熱點之一。目前該書店開了另三家分店，巴里松兒童書店和兩家設有內部咖啡館的書店；一家獨立出版社和一家文學機構也加入了巴哈里家族穩定發展的企業集團。關於他們的指導原則，阿努傑‧巴哈里（Anuj Bahri）引用了巴哈里先生的話說：「書籍就像食物，能夠滿足你對知識的飢渴。」

阿努傑與母親巴格（Bhag Malhotra）、妻子拉吉妮（Rajni Malhotra）和作家女兒安查爾（Aanchal Malhotra）共同經營這家公司。巴里松書店裡天花板高的書架上，擺滿了安查爾廣受好評的書，《一場分裂的殘餘》（*Remnants of a Separation*），內容回述她祖父的飛行；以及一些其他現代經典作品，如駐新德里的蘇格蘭歷史學家威廉‧達爾林普爾（William Dalrymple）的《精靈之城》（*City of Djinns*）。這一家人透露，巴拉傑常說：「書店就像一家很棒的餐廳。當我們外出用餐時，會覺得裝潢、座位、氛圍和服務都很重要，但最重要的是，廚師有為人提供好品質食物的能力，這就是吸引你一再上門的原因。書籍也是如此，展示、呈現和服務是必不可少的，但最重要的是對每個客戶的個人了解，提供滿足他需要的書籍的能力。」

BAHRISONS 巴里松書店

上圖：家族企業現在擴展到四家書店、一家出版社和一家文學機構。

左圖：創始人巴拉傑‧巴哈里常說「書店就像一家很棒的餐廳」，他認為推薦客人合適的書籍，此項服務本身就是一門藝術。

右頁：巴里松書店的書目範圍很廣，包括印度文學與世界各地的出版書籍。

LIBRAIRIE MOLLAT
莫拉特書店

法國．波爾多

看法國最古老的獨立書店，如何彌合傳統與現代之間的鴻溝。

右圖：莫拉特書店因其「書臉」活動而在 Instagram 上出名。

左頁：有藍色窗框的書店距離聖安德魯大教堂（Cathédrale St. André）僅四百公尺距離。

今日還能找到一家書店是由同一個家族的第五代接班人所經營，算是讓人大開眼界。莫拉特書店成立於一八九六年，是現今法國最古老的獨立書店。丹尼斯·莫拉特（Denis Mollat）以總經理的身分監督公司，並在商業和政治領域中擔任過各種顯赫的職位；因此不難想像，自二〇〇三年以來，他一直都是監管知名圖書業貿易協會（Cercle de la Librairie）的首席書商。畢竟，他的書店擔任傳統與現代之間的橋梁角色，幾乎無他類企業可與之相提並論。專案經理依曼紐耶·荷比亞德（Emmanuelle Robillard）說：「因為我們 Instagram 平臺上的『書臉』（bookfaces）企劃，書店的聲名在國際間傳開。」這家歷史悠久的書店有活躍的線上發展，網路足跡從播客和線上廣播電臺到自家的 YouTube 頻道。

「一方面，我們將每年舉辦大約二百四十場作者活動，剛好利用頻道來記錄。」

書店的活動據點在奧松車站（Station Ausone），是波爾多文化場景中的一盞導航燈，舉辦讀書會、音樂會和許多推陳出新的活動計畫。大約五十五名書商在莫拉特書店工作，他們會閱讀幾乎每一本書，提出推薦和建議，並且作出計畫和參加許多活動。「書店建立了社會聯繫，是人們放縱自己的好奇心，滿足對知識的渴望，能夠結識作家、出版商和機構的地方。」依曼紐耶說：「每家書店自身就是一個小世界。」

EL ATENEO GRAND SPLENDID
雅典人書店

阿根廷·布宜諾斯艾利斯

來吧！戲迷們。在這個被改造成書店的劇院裡，文學將完美登臺。

有著深紅色的劇院布幔和閃耀的金色包廂，「雅典人書店」無疑是世界上最壯觀的書店之一。在輕柔的鋼琴樂聲中，訪客瀏覽著大量的書籍，現場有鋼琴家演奏，與宏偉大廳的前身相呼應著。劇院於一九〇三年開幕，隨即上演經典的舞臺表演，後來曾被用作電影院、廣播室和探戈舞廳，最終在二〇〇〇年作為書店重新開張。今日，你可以在以前的包廂裡瀏覽書籍，曾經的舞臺變成了一個附有咖啡廳的大型閱讀區。經營團隊定期更新流行讀物和舉辦文化活動，吸引了羅莎·蒙特羅（Rosa Montero）、保羅·奧斯特（Paul Auster）和馬里奧·巴加斯·伊羅薩（Mario Vargas Llosa）等文學巨匠，以及許多忠實的常客前來。大劇院始終扮演好自己的角色，並且仍持續講述著故事，只是形式略有不同罷了。

225

上圖：給書一個表現的舞臺，這家書店過往的戲劇痕跡至今仍處處鮮明。

左圖：吸引人的階梯式座位區與包廂見證了很多故事，無論是舞臺上演的還是書中的。

右頁：這棟建築過往曾是劇院、電影院、廣播工作室和探戈舞廳；如今是一家書店。

在世界上最美麗的書店名單上，雅典人書店總是常客，屢見不鮮。

JOHN KING BOOKS
約翰・金書店

美國・底特律　二手書王國

沒有咖啡，也沒有華麗的裝潢，
只有一百萬本舊書和一些令人驚嘆的稀有版本，
在一座地板嘎吱作響的工業建築中，享有傳奇般的聲響。

　　即使經歷五十個年頭之久，約翰・金說他的同名書店不過「只是一間舊書店，和一座停車場」！有個性的大領主巡視著成千上萬排的書架，向瀏覽書籍的顧客們一一稱名問好，再從書脊上抹一下想像中的灰塵。約翰・金書店的全名為「約翰・K・金二手與珍稀書店」（John K. King Used & Rare Books），是一家位於底特律的文化機構，這棟四層樓的建築前身是一間手套工廠，現則收藏著各式各樣的書籍作品，從各種想得到形式的經典作品，到來自世界各地的中世紀羊皮紙和皮革裝訂的著作。

　　作家杭特・S・湯瑪森（Hunter S. Thompson）和音樂傳奇人物大衛・鮑伊（David Bowie）都曾來這裡買過重要藏書，而約翰當時就在書店裡替他們服務，「這是我所做的、我注定要做的、我一直在做的事。」他帶領我們穿過迷宮般的書架來到珍本書室。在這個房間裡的三萬本珍稀書籍中，有一本蘇格蘭作家羅伯特・路易

斯・史蒂文森（Robert Louis Stevenson）於一八八三年創作的《金銀島》（Treasure Island）初版，以及一本關於哥倫比亞毒梟之王《巴布羅・艾斯科巴・加維里亞的諷刺漫畫》（Pablo Escobar Gaviria en caricaturas 1983~1991），封面上有他的簽名與指紋印。「這實在罕見至極，但我其實想給你們看別的東西。」這位專家帶著一股自豪和崇敬，從桌子底下拿出一個黑色文件夾，打開來展示，「我們擁有《古騰堡聖經》（The Gutenberg Bible）關於路加福音的頁面，當中耶穌指導他的門徒如何驅趕魔鬼。能實際擁有世界上第一本印刷成冊的一頁，真不可思議。」

　　直至今日，只有大約一百八十份的《古騰堡聖經》倖存下來，作為西方世界中第一本活字印刷的書之見證。他說，這也許是他最喜歡的一本書，「不是因其內容，而是因為它，給了大眾書籍，讓任何可以閱讀的人都有書可讀。在此之前，一本書就像一件獨一無二的藝

JOHN KING BOOKS 約翰・金書店

術品，僅少數人能擁有它；然而五百五十年後的今日，試著找一個沒有書櫃的家都是困難的。人們隨時都在讀個兩、三本書。每個人的生命都因擁有一本書、手中捧著的一本書、感受到一本書的內容而感動。」

約翰當然也不例外。約翰‧金書店的成立源於他對書籍的巨大熱情、強烈的收藏本能和冒險意識。「在過去，擁有一家舊書店是一種浪漫，但現實是，你必須有堅韌的意志。經營一家成功的書店，要遵循一些但非全部的商業原則。我並沒有接受過正規的商業教育，必須以艱苦的方式學習一切，邊做邊學。我犯過所有經典的菜鳥錯誤，甚至發明一些新的錯誤。」

這兩種明顯不協調的世界碰撞，是約翰‧金書店如此特別的原因之一。工業的過去承載著創造性的未來，敏銳的商業頭腦確保了浪漫的堅持，新一代確保了歷史傳奇。

約翰過去常常借他的 Packard 五四年車款後置行李箱賣書，這樣的日子早已一去不復返了。他在一九八三年買下這間老舊的手套工廠，如今書店成長非常龐大，以至於他的員工們得使用對講機溝通。許多員工工作了幾十年，自一九八〇年代以來就在約翰‧金書店。他仍為自己能以故事和想法來填滿這座曾經空置的建築，頗感欣慰，「書本是一項可以買賣的商品，但他們也是活生生的物件，每一本都有不同的個性、不同的外觀、不同的歷史。而且，書代表我們自己的一部分，某人送給另一人的禮物書有可能成為他人最喜歡的一本書，比起任何問候卡上的賀詞，都更能代表個人。」說到問候卡，美國知名魔術師泰勒（Teller）每年都會寄聖誕卡給他們，並宣稱約翰‧金是全世界他最喜歡的書店。

作家杭特‧S‧湯瑪森和音樂傳奇人物大衛‧鮑伊都曾來這裡買過重要藏書。

左圖：照片中約翰‧金站在他傳奇書店的屋頂上，底特律是他的第二個家。

左頁三圖：團隊成員使用對講機相互溝通，幫助訪客在無數書櫃走道中找到方向。

ATLANTIS BOOKS
亞特蘭提斯書店

希臘聖托里尼島·伊亞

兩名學生的白日夢假期，變成一個可以看到海景的歡樂島書店。

上圖：亞特蘭提斯歡迎經費拮据的作家和藝術家在書店裡打工換宿。

左頁：書店有一個很棒的屋頂露臺，上面設置了幾個書架和讓人歇憩的座位。

兩名美國學生奧利弗·懷斯（Oliver Wise）和克雷格·沃爾澤（Craig Walzer），在二○○二年春天前往聖托里尼島（Santorini）度假，他們很快就發現，雖然在希臘島上隨時可以買到精選的葡萄酒，但好書卻無處可尋。他們決定在某個時刻再度折返造訪，並且開設夢想中的書店。懷斯將這個夢想命名為亞特蘭提斯書店（Atlantis Books），全心相信有一天他們的孩子也會接管這家店，朋友們對此念頭皆不可置信地會心啼笑。

大學畢業後，懷斯和沃爾澤召集了幾個朋友，準備於二○○四年初在聖托里尼執行計畫。「我們在伊亞找到了一間空房子，喝了一點威士忌，就簽訂了合約。」團隊回憶道。「沒過多久，我們養了一隻狗和一隻貓，開了一個帳戶，搭建幾個書櫃，將書上架。」亞特蘭提斯書店於二○○四年春天開業，書店屋頂露臺俯瞰著深藍色的地中海。時至今日，仿照巴黎莎士比亞書店的運作原則，書店歡迎來自世界各地的作家和藝術家，「只要他們承諾能讓我們的書店更有趣一點。」時光荏苒匆匆，該團隊獲得了第二隻狗並收養了另一隻貓。他們的子女（現在已是團隊的一員），可能終有一天會接管這家書店，對此，他們一直歡欣地期待著。

THE JAZZHOLE
爵士窩

奈及利亞‧拉哥斯　*書與爵士樂的一切*

文學、爵士樂和咖啡館的非凡組合，
使這家獨立書店成為一處繁忙熱鬧的文化樞紐。

沒有「爵士窩」，拉哥斯（Lagos）就不會是拉哥斯。將近三十年來，這家受歡迎的店販售書與黑膠唱片，持續地為大西洋沿岸的奈及利亞首都帶來刺激。在時尚的伊科伊（Ikoyi）街區中心，沙質的黃色外牆看起來不怎麼起眼，但是其內部卻是一個閃亮的文學和爵士樂王國。唐鄧（Tundun Tejuoso）與丈夫昆勒‧特如索（Kunle Tejuoso）一起經營爵士窩，她說：「我們的書籍種類相當繁多，新舊交融。」書架和桌子上堆滿了奈及利亞國內和世界各地的小說、古董珍品和專業出版物，休閒生活書籍、漫畫和時尚雜誌也填滿了一部分區塊。在熱門書籍展示區中，奈及利亞作家齊瑪曼達‧恩戈齊‧阿迪奇（Chimamanda Ngozi Adichie）的暢銷小說《美國化的人》（Americanah）特別突出，尤其是因為書中特別提到了爵士窩。

昆勒‧特如索於一九九一年開設了爵士窩，作為奈及利亞連鎖獨立書店「葛蘭朵拉書店」（Glendora Books）的分支，該連鎖書店由他的母親貝米索拉‧特如索（Gbemisola Tejuoso）女士於一九七五年創立。唐鄧說：「他在紐約取得了電機工程碩士，並在一九八〇年代後期立即返回拉哥斯，到葛蘭朵拉書店去工作。幾年後，才開設了爵士窩。」昆勒‧特如索的願景是開一家書店，作為來自世界各地的當代文化、文學和爵士樂的平臺。鮮明的特色讓這家書店與該區域的傳統書店截然不同，這聽起來可能不合常規，但事實證明書店經營非常成功。書籍的選擇和黑膠唱片涉及的範圍搭配得天衣無縫；像邁爾士‧戴維斯（Miles Davis）和巴布‧馬利（Bob Marley）這般無可爭議的巨星，在架上與本地和該國的藝術家唱片並列，例如，非洲節拍

左圖：唐鄧‧特如索的一名員工在書店的咖啡廳裡幫忙，咖啡廳於二〇〇〇年初開業。

左頁：爵士窩裡的木製書架上擺滿了全新與二手的小說、非小說類書籍、漫畫和雜誌。

THE JAZZHOLE 爵士窩

左圖：牆上裝飾著古典樂器、知名的奈及利亞與國際上的爵士樂大師照片。

下圖：爵士窩賣的書籍範圍從國際上的暢銷書到奈及利亞文學。

右頁：這家受歡迎的書店供應最棒的爵士樂、非洲咖啡和純素胡蘿蔔蛋糕。

多年以來，爵士窩已成為在各年齡層
客人間都受歡迎的地標。

（Afrobeat）音樂家杜若・依庫延佑（Duro Ikujenyo）和法裔奈及利亞歌手兼詞曲創作者「Aa」。「我們的音樂收藏比你想得到的還深，從『最自由』的爵士樂到最新的非洲或非洲離散族群的音樂光碟與黑膠唱片，在傳統和現代的奈及利亞音樂上都具強大的特殊性。」

在二〇〇〇年代初期，書店多了小咖啡區，客人們坐在小木桌旁閱讀，一邊放鬆地聽著柔和爵士音樂，一邊享用非洲咖啡和純素胡蘿蔔蛋糕。此外，這對夫婦還會舉辦人數眾多的讀書會、電影放映、音樂會和爵士音樂即興演奏，讓藝術家和參與的觀眾們在書架和成堆黑膠唱片之間交流聚會。「多年以來，爵士窩已成為在各年齡層客人間都受歡迎的地標，」唐鄧高興地說。 她形容這家店是一座心靈綠洲，「在拉哥斯這樣一個快速發展的大都市裡，每個人都窮盡一生想成為大人物，像我們這樣的地方存在，非常必要。」

上圖：爵士窩展出的藝術品和眾多的小玩意兒，也替店裡增添魅力。

左圖：一日是爵士樂迷，終生是爵士樂迷。瀏覽龐大的黑膠唱片收藏會有一些驚喜罕見的發現。

左頁上、下：受人尊敬的爵士樂傳奇人物守護著辦公室，那裡滿溢著文學與靈感。

LIVRARIA LELLO
雷歐書店

葡萄牙 · 波多

這家歷史悠久的書店，如今變得非常知名，訪客得排隊付費入場。

　　哈利波特系列的作者 J.K. 羅琳真的受到這家書店的啟發嗎？站在天鵝絨般的紅色樓梯上，凝視著華麗的雷歐書店，你可以想像自己來到了霍格華茲魔法學校。自一八八一年以來，這家一直被譽為「世界上最美麗的書店」之一的知名書店始終屹立於此。荷塞·曼努埃爾·雷歐（José Manuel Lello）是經營書店的第五代家族成員，他頗能跟上時代快速變化的步伐，即使現實中總會遇上些束縛。

　　一開始，他的書店每天接待成群結隊的遊客。他們大多只是到此取景自拍，沒有買書就又離開了。直至二〇一五年，雷歐書店的經營蹣跚欲墜，瀕臨破產。經過廣泛討論，荷塞和團隊因此做出了一個前所未有的決定：他們必須要求參觀者支付少量入場費以挽救這家店。於是，政策毫不費力地施行了，這筆合理的費用並沒有削弱這家傳奇書店的知名度；和以前一樣，在加爾默羅街上（Rua das Carmelitas）的新哥德式建築外牆前，遊客仍然滿懷期待地排隊著。入場費將全額從購買任何書籍的費用中抵扣，這個改變，如同妙麗製作變

右圖：書店的樓梯被認為啟發了《哈利波特》的作者 J.K. 羅琳。

左頁：在迷人的雷歐書店外牆前，經常有成行排隊的遊客渴望一睹店內風采。

身水一般聰明且適應力強，讓雷歐書店販售的書籍類別
大大地轉朝以遊客為主的顧客方向。除了葡萄牙文學，
英、法、西班牙文和義大利文的書籍也擺滿了書架，而
明信片、旅遊指南和小紀念品則補充了商品品項。不用
說，哈利波特系列書籍在店內占有重要的一席之地。

上圖：具有歷史的書架上，擺放的書籍
類別與時俱進，如今朝向為國際顧客而
準備的選書。

左頁：這家精美絕倫的書店是葡萄牙波
多市最受歡迎的景點之一。

LIVRARIA LELLO 雷歐書店

上圖：雷歐書店的樓梯本身就是一件藝術品；其上有天鵝絨般的紅地毯，其下則有繁複的木質裝飾。

左圖：自一八八一年以來，書的販售持續地讓這臺收銀機鈴響起，自二〇一五年以來，則是由入場費維持其運作。

右頁：到此一訪的旅客不再只是自拍，還可以用入場費抵扣購買任何書籍。

擁有精美雕刻的木書架和宏偉的樓梯，雷歐書店簡直是一家如夢幻仙境的書店。

BOEKHANDEL DOMINICANEN
道明書店

荷蘭·馬斯垂克　*眾人皆知，太初有字*

**如果有一座屬於書迷的天堂，那一定就是馬斯垂克市裡，
那座哥德式教堂裡的神聖走道和寂靜廊廳。**

桐恩·哈姆斯（Ton Harmes）和他的團隊是這座神聖殿堂的守護者。從具紀念性的出入口進入，就來到了位於古老哥德式教堂裡的道明書店，裡頭擺滿了古典和學術文學作品、各國雜誌和報紙，以及大量精選的音樂。溫暖的光線從古老的窗戶射進來，落在巨大的現代鋼筋書架上，書友們四處晃蕩於其間尋找靈感。雖然這裡是現今世界上最受歡迎的書店之一，生意興隆；但曾經這一切遠遠無法成定局。桐恩解釋，原本這家店有破產的風險，多虧了馬斯垂克市的人民，幸運地免於完全關閉。他們舉辦一項募款活動，短短七天內籌集了超過十萬歐元，足以維持書店的運作。

基於這場活動，桐恩的團隊和書店的忠實顧客群緊密地聯繫在一起。當地人們對教堂災難性的遭遇記憶猶新，「這裡曾經淪為自行車車棚和蛇類展示中心。」這位書商和他的團隊提交了一項計畫，要為教堂賦予新生命，馬斯垂克市議會欣然接受。如今，道明書店是這座荷蘭大學城

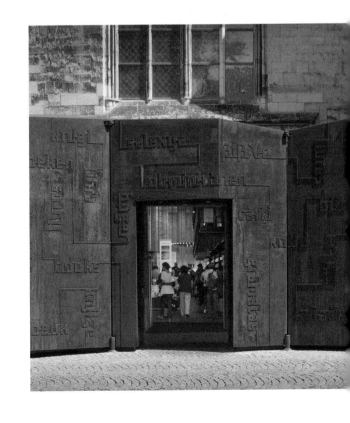

BOEKHANDEL DOMINICANEN 道明書店

書就是要給人帶回家去享受、挑戰的，要能隨時可及。

內備受歡迎的書店、咖啡館暨文化中心。除了傳統的新書發表會和簽書活動外，廣闊的中殿還用以舉辦古典樂、爵士樂和流行樂音樂會，以及舞蹈表演、辯論會、派對和晚宴活動。白天，在以往是內殿聖所之處，供應著天堂般迷人的卡布奇諾咖啡；連書也帶著某種光環，而「書的光環則照耀著書商」。桐恩津津樂道地說。能夠讓客人滿意，他認為是「很棒的一件事」。在擺放著鋼筋書架的廊廳區域，這位經驗老到的書商巡視一番他的領域，他說：「書就是要給人帶回家去享受、挑戰的，要能隨時可及。」諸如美國作家萊昂‧烏里斯（Leon Uris）的處女作《戰吼》（*Battle Cry*）；最暢銷的《望族》（*Noble House*），由英美作家詹姆斯‧克拉維爾（James Clavell）所著；或是由荷蘭哲學家戈佛‧德里克斯（Govert Derix）撰寫的《世界巡迴的人》（*The Man who Walked the World Around*，荷語：*De Wereldomwandelaar*），都是促使他從事這項工作的原因：「書是我最要好的朋友」。

在曾經是祭壇區和布道場所的地方,遊客可以享用到天堂般迷人的
卡布奇諾咖啡。

DAIKANYAMA TSUTAYA BOOKS
代官山蔦屋書店

日本・東京

這座三層樓的建築傑作屢獲殊榮，裡頭收藏了令人驚嘆的書籍。

上圖：這家超大書店的立面外牆由互扣的 T 形組成，已成為景點。

左頁：代官山蔦屋書店除了擁有大量書籍外，還設有世界音樂與電影部門。

　　代官山蔦屋書店經常被描述為日本首都的「圖書帝國」，這稱號其來有自：其規模龐大，外觀上非常具有吸引力，且提供了廣大的書籍類別，海量的選擇足以讓遊客沉浸其中良久，擁有獲獎殊榮的「代官山 T-Sit」中心地位。該書店也是每位建築愛好者必訪的口袋名單。克萊恩與戴瑟姆建築事務所（The studio Klein Dythamw architecture，簡稱 KDa）以三部分構成的建築體屢次獲獎，包括二〇一三年世界建築節。建築外牆由重複互扣的 T 字形組成，立面看起來相當獨特。店裡主要販售日語和英語小說與專業文學作品，還有一個大型電影與音樂部門，精選文具中特別強調日本紙的販售，還有一流的咖啡廳和餐廳。T-Site 還定期舉辦快閃市集，這些市集為東京文化景觀帶來集客效應，遊客們不約而同地瀏覽著最新的圖書。

DAIKANYAMA TSUTAYA BOOKS 代官山蔦屋書店

上圖：這家書店因國際雜誌而備受讚譽，類別涵蓋從建築、時尚到自然。

左圖：由書冊堆砌建蓋起來的代官山蔦屋書店，分層隔板搭建起閱讀和工作的絕佳場所。

左頁：因其綜合建築群的設計，KDa 建築事務所贏得夢寐以求的獎項。

BOOKS OVER
THE CLOUDS
雲上書店

中國．上海

**中國最高的書店座落在這一棟充滿象徵意義、
二百三十九公尺高的設計廟宇裡。**

　　這家書店的名字：雲上書店，一點也不誇張，座落於上海中心大廈的第五十二層樓，俯瞰這整座中國大都市。朵雲書院（The Duoyun Books）旗艦店於二〇一九年八月中旬開幕，立即成為上海在地人和遊客必造訪的景點之一。「第一天，熱情的遊客得等上三個小時，才能坐上全國最高摩天大樓的電梯，到達距離地面二百三十九公尺的書店。」公共關係經理何曉敏說。空間上備受矚目的設計出自於上海建築師事務所 Wutopia Lab，該團隊解釋：「書店的設計將天空與城市兩元素納入設計考量中。」大約一百名工人，按三百幅工作圖紙上辛苦工作，調整設置了六十天。派請了一百五十名工人，將兩百六十噸的書櫃單元搬移入該空間，再花十天時間建蓋起來。最後，三十五名書店員工花了四天時間將六萬本書上架。寬敞的空間裡包括：一個展間、一間咖啡廳

右圖：建築空間中以山形拱門區隔定義，貫穿書店許多區域。

左頁：這座中國超級城市幅員廣大，從上海中心大廈一路延伸至地平線。

和明亮的豆瓣高評分書區，與對面深綠色牆面的倫敦書
評書區互別苗頭。「一區代表東方，一區代表西方，」
建築師說，這兩區「相互依存，相互競爭」。有時你能
感受到愛，有時卻感受不到，從某種意義上來說，我們
的世界本就是東西方共組的。

上圖：鏡面柱映出了書櫃與天際線的融
合影像。

左頁：陡峭的眩暈感：從窗戶望出去那
片令人眼花繚亂的景色，縱深可達七百
八十多英尺。

BOOKS OVER THE CLOUDS 雲上書店

上圖：書店內部由位於上海的建築公司 Wutopia Lab 設計，整體令人驚嘆。

左圖：雲上書店是朵雲書院的旗艦店。內部的咖啡廳是閱讀和放鬆的絕佳場所。

右頁：拱門和廊道創造了一連串引人入勝的角落，同時也隔出各個書區。

文章索引、書店地址與圖片版權

BOKIN 博金書店
Klapparstígur 25, 101, 101 Reykjavík, Iceland
bokin.is
攝影：Sebastian Niebius（p.64~65）

BACK OF BEYOND BOOKS 翻書越嶺
83 N Main St, Moab, UT 84532, USA
backofbeyondbooks.com
攝影：Courtesy of Back of Beyond Books（p.66~67）

HONESTY BOOKSHOP 誠實書店
Hay-on-Wye, United Kingdom
haycastletrust.org/visitus
攝影：Loop Images Ltd/Alamy（p.68）Andrew Fox/Alamy
（p.69）Homer Sykes/Alamy（p.70 上）Steven May/Alamy（p.70
下）Haydn Pugh/Honesty Bookshop（p.71）Jeff Morgan
03/Alamy（p.72~73）

MOE'S BOOKS 莫伊書店
2476 Telegraph Ave, Berkeley, CA 94704, USA
moesbooks.com
攝影：Courtesy of Moe's Books（p.74~79）

LIBRERIA ACQUA ALTA 高水位書店
Calle Lunga Santa Maria Formosa, 5176b, 30122 Venice, Italy
libreriaacquaaltavenezia.myadj.it
攝影：Cheryl Howard（p.80~83）

STRAND BOOKSTORE 海濱書店
828 Broadway, New York, NY 10003, USA
strandbooks.com
攝影：Courtesy of Strand Bookstore（p.84, 85 上）Janna
Jesson/Strand Bookstore（p.85 下, 87 上），Alexander Alland,
Jr. / getty images（p.86）Colleen Callery/Strand Bookstore（p.87
下）

培養讀者群
撰文：Fiona Killackey
攝影：Catherine Elise Photography for Think Thornbury（p.89,
90 上左）courtesy of Happy Valley（p.90 上右及下）

DYSLEXIA LIBROS 失讀書店
1a Ave Sur, #11, Antigua, Guatemala
攝影：Daniel López Pérez（p.92）Polina Molchaova（p.93~95）

BOOKS ARE MAGIC 神奇之書
225 Smith St, Brooklyn, Ny 11231, USA
booksaremagic.net
攝影：Courtesy Of Books Are Magic（p.96~97）

PAPERCUP 紙杯書店
Agopian Building, Pharaon Street, Mar Mikhael, Beirut, Lebanon
papercupstore.com
攝影：Cyrille Karam（p.98~101）

BRAZENHEAD BOOKS 銅頭書店
New York City, USA
brazenheadbooks.com
攝影：Samir Abady（p.102, 104, 106 上）Gracie Bialecki
（p.103）Alex Brook Lynn（p.105, 106 下, 107）

GOLDEN HARE BOOKS 金兔子書店
68 St Stephen St, Stockbridge, Edinburgh EH3 5AQ, United
Kingdom
goldenharebooks.com
攝影：Sarah Cooke（p.108）

DESPERATE LITERATURE 渴望書店
Calle de Campomanes, 13, 28013 Madrid, Spain
desperateliterature.com
攝影：Courtesy of Desperate Literature（p.110~111, 112 上,
113~115）Sergio Gonzáles Valero/EL MUNDO（p.112 下）

BOOK THERAPY 書籍療法
Římská 1199, 120 00 Vinohrady, Prague, Czech Republic
booktherapy.cz
攝影：Mischa Babel（p.116~117）

VVG SOMETHING 好樣本事
臺灣臺北市大安區
攝影：Courtesy of VVG Something（p.118~121）

MUNDO AZUL 藍色世界
Choriner Str. 49, 10435 Berlin, Germany
mundoazul.de
攝影：Sonja Danowski（p.122~123）

HAPPY VALLEY 歡樂谷
294 Smith St, Collingwood VIC 3066, Melbourne, Australia
happyvalleyshop.com
攝影：Kristoffer Paulsen（p.124~125）

READINGS 閱讀書店
309 Lygon St, Carlton VIC 3053, Australia
readings.com.au
攝影：Chris Middleton（p.126~127）

SHAKESPEARE & COMPANY 莎士比亞書店

37 Rue de la Bûcherie, 75005 Paris, France

shakespeareandcompany.com

攝影：Bruno De Hogues / getty images（p.129）David Grove
（p.130, 135）Kiren（131 上）Bonnie Elliot（p.134）Miguel
Medina/getty images（p.131 bottom）Hulton Archive / getty
images（p.132）John van Hasselt -V Corbis / getty images
（p.133）

獨立之日

撰文：Alison Flood

攝影：Jenn LeBlanc（p.137）Samir Abady（p.138 上左）
Cheryl Howard（p.138 上右）Tobias Stäbler（p.138 下）

PRO QM

Almstadtstraße 48, 10119 Berlin, Germany

pro-qm.de

攝影：Katja Eydel（p.140, 142, 143）Courtesy of Pro qm（p.141）

It's a Book 這是一本書

Rua do Forno do Tijolo 30 A, 1170~137 Lisbon, Portugal

itsabook.pt

攝影：Daniel Alves（p.144~145）

WILD RUMPUS 撒野大鬧

2720 W 43rd St, Minneapolis, MN 55410, USA

wildrumpusbooks.com

攝影：Drew Sieplinga（p.146 上左及下）David Luke（p.146
上右, 147）

CASA BOSQUES 森林書屋

Córdoba 25, Roma Nte., Cuauhtémoc, 06700 Ciudad de México,
Mexico

casabosques.net

攝影：Juan Hernández（p.148）Courtesy of Casa Bosques（p.149,
151）Alejandro Cartagena（p.150）

WUGUAN BOOKS 無關實驗書店

臺灣高雄市鹽埕區大義街 2-1 號 C7-6 倉庫

攝影：Lee Kuo-Min（p.152~155）

THE RIPPED BODICE 扯開馬甲

3806 Main St, Culver City, CA 90232, USA

herippedbodicela.com

攝影：Jenn LeBlanc（p.156~159）

HALPER'S BOOKS 哈爾珀書店

Allenby Street 87 Tel Aviv-Yafo IL 62489, Israel

halpers-books.business.site

攝影：Yoni Lerner（p.160）Courtesy of Halper¡s Books
（p.161~163）

UNDER THE COVER 書封之下

R. Marquês Sá da Bandeira 88B, 1050~060 Lisbon, Portugal

underthecover.pt

攝影：Courtesy of Under the Cover（p.164）Hugo Amaral
（p.165）

CINNOBER 辛諾堡書店

Landemærket 9, 1119 Copenhagen K, Denmark

cinnoberbookshop.dk

攝影：Jan Søndergaard（p.166~167）

10 CORSO COMO 概念店

Corso Como, 10, 20154 Milan, Italy

10corsocomo.com

攝影：Courtesy of 10 Corso Como（p.168~169）

POWELL'S BOOKS 鮑威爾書店

1005 W Burnside St, Portland, OR 97209, USA

powells.com

攝影：Courtesy of Powell¡s Books（p.170~173）

他們是怎麼做到的呢？

撰文：Marianne Julia Strauss

攝影：Miyuki Kaneko（p.175）Jean-Lucien Bonillo（p.176）
Karolina Urbaniak（p.177）Le Corbusier（p.176）©F.L.C. /
VG Bild-Kunst, Bonn 2020

KRUMULUS 克魯姆魯斯童書店

Südstern 4, 10961 Berlin, Germany

krumulus.com

攝影：Courtesy of Krumulus（p.178~181）

BILDERBOX 圖像箱子漫畫店

Kirchengasse 40, 1070 Vienna, Austria

bilderboxvienna.com

攝影：Courtesy of Bilderbox（p.182~185）

MORIOKA SHOTEN 森岡書店

1~28×15 Ginza, Chuo-ku, Tokyo, Japan

takram.com/projects/a-single-room-with-a-single-book-morioka-
shoten/

攝影：Miyuki Kaneko（p.186~187）

PRINTED MATTER 印刷物書店

231 11th Ave, New York, NY 10001, USA

printedmatter.org

攝影：Megan Mack（p.188~189）

BLUESTOCKINGS 女學者書店

172 Allen St, New York, NY 10002, USA

bluestockings.com

攝影：Matilda Sabal（p.190~191）

PROUST WÖRTER + TÖNE 普魯斯特文字與音樂

Akazienallee, Am Handelshof 1, 45127 Essen, Germany

buchhandlung-proust.de

攝影：Courtesy of Proust Wörter + Töne（p.192）Knut Vahlensieck/FUNKE Foto Services（p.193）

TREADWELL'S 崔德威爾氏書店

33 Store St, Bloomsbury, London WC1E 7BS, United Kingdom

treadwells-london.com

攝影：Londonstills.com/Alamy（p.194）Karolina Heller（p.195~199）

ANALOG 類比書店

Potsdamer Straße 100, 10785 Berlin, Germany

p98a.com/collection/p100-is-analog

攝影：Norman Posselt（p.200~203）

LA LIBRERIA DEL MARE 海洋書店

Via Broletto, 28, 20121 Milan, Italy

libreriadelmare.it

攝影：Matteo Deiana（p.204~207）

CITY LIGHTS 城市之光書店

261 Columbus Ave, San Francisco, CA 94133, USA

citylights.com

攝影：Lisa Kimura（p.208~213）

CĂRTUREȘTI CARUSEL 書之旋轉木馬

Strada Lipscani 55, Bucharest 030033, Romania

carturesti.ro

攝影：Cosmin Dragomir（p.214、216~217）

BAHRISONS 巴里松書店

Opp Main Gate, Khan Market, New Delhi, Delhi 110003, India

booksatbahri.com

攝影：Aaditya Malhotra（p.218~221）

LIBRAIRIE MOLLAT 莫拉特書店

15 rue Vital-Carles, 33 080 Bordeaux, France

mollat.com

攝影：Courtesy of Librairie Mollat（p.222~223）

EL ATENEO GRAND SPLENDID 雅典人書店

Av. Santa Fe 1860, C1123 CABA, Buenos Aires, Argentina

yenny-elateneo.com/local/grand-splendid

攝影：Diego Grandi/Alamy（p.224）Rosal Rene Betancourt 9/Alamy（p.225）Jeff Greenberg/Alamy（p.226 上）Jeffrey Isaac Greenberg 6/Alamy（p.226 下）Andrew Palmer/Alamy（p.227）Grupo Ilhsa S. A.（p.228~229）

JOHN KING BOOKS 約翰・金書店

901 W Lafayette Blvd, Detroit, MI 48226, USA

johnkingbooksdetroit.com

攝影：Ryan M Place（p.230~233）

ATLANTIS BOOKS 亞特蘭提斯書店

Nomikos Street, Oía 847 02, Greece

atlantisbooks.org

攝影：Bob Jenkin/Alamy（p.234）Malcolm Fairman/Alamy（p.235）

THE JAZZHOLE 爵士窩

168 Awolowo Rd, Ikoyi, Lagos, Nigeria

攝影：Ginikachi Eloka（p.236~238, 240~241）Adey Omotade（p.239）

LIVRARIA LELLO 雷歐書店

R. das Carmelitas 144, 4050~161 Porto, Portugal

livrarialello.pt

攝影：Kpzfoto/Alamy（p.242, 246 下 , 247），Courtesy of Livraria Lello（p.243）imageBROKER/Alamy（p.244）Endless Travel/Alamy（p.245）Horacio Villalobos/getty images（p.246 上）Mikel Trako/Alamy（p.248~249）

BOEKHANDEL DOMINICANEN 道明書店

Dominicanerkerkstraat 1, 6211 CZ Maastricht, Netherlands

libris.nl/dominicanen

攝影：Etienne van Sloun（p.250~251, 253~255）Hugo Thomassen（p.252）

DAIKANYAMA TSUTAYA BOOKS 代官山蔦屋書店

16~15 Sarugakucho, Shibuya City, Tokyo 150~0033, Japan

tsutaya.tsite.jp

攝影：Nacása & Partners（p.256~259）

BOOKS OVER THE CLOUDS 雲上書店

Duoyun Books, Floor 52, Shanghai Tower, No. 501 Yincheng Mid Road, Pudong, Shanghai, China

攝影：CreatAR Images（p.260~267）

書店學

愛書人的靈魂窩居，60家書店逆勢求生、立足世界的經營之道

作　　者　Gestalten
譯　　者　劉佳澐、杜文田

總 編 輯　王秀婷
責任編輯　李　華
美術編輯　于　靖
版　　權　徐昉驊
行銷業務　黃明雪

發 行 人　涂玉雲
出　　版　積木文化
　　　　　104台北市民生東路二段141號5樓
　　　　　電話：(02) 2500-7696 | 傳真：(02) 2500-1953
　　　　　官方部落格：www.cubepress.com.tw
　　　　　讀者服務信箱：service_cube@hmg.com.tw
發　　行　英屬蓋曼群島商家庭傳媒股份有限公司城邦分公司
　　　　　台北市民生東路二段141號11樓
　　　　　讀者服務專線：(02)25007718-9 | 24小時傳真專線：(02)25001990-1
　　　　　服務時間：週一至週五09:30-12:00、13:30-17:00
　　　　　郵撥：19863813 | 戶名：書虫股份有限公司
　　　　　網站：城邦讀書花園 | 網址：www.cite.com.tw
香港發行所　城邦（香港）出版集團有限公司
　　　　　香港灣仔駱克道193號東超商業中心1樓
　　　　　電話：+852-25086231 | 傳真：+852-25789337
　　　　　電子信箱：hkcite@biznetvigator.com
馬新發行所　城邦（馬新）出版集團 Cite（M）Sdn Bhd
　　　　　41, Jalan Radin Anum, Bandar Baru Sri Petaling, 57000 Kuala Lumpur, Malaysia.
　　　　　電話：(603) 90578822 | 傳真：(603) 90576622
　　　　　電子信箱：cite@cite.com.my

內頁排版　陳佩君
製版印刷　上晴彩色印刷製版有限公司

城邦讀書花園
www.cite.com.tw

國家圖書館出版品預行編目資料

書店學：愛書人的靈魂窩居,60家書店逆勢求生、立足世界的經營之道/Gestalten編著 ; 劉佳澐, 杜文田譯. -- 初版. -- 臺北市：積木文化出版：英屬蓋曼群島商家庭傳媒股份有限公司城邦分公司發行, 2022.09
　面；　公分
譯自：Do you read me? : bookstores around the world
ISBN 978-986-459-442-9(精裝)

1.CST: 書業

487.6　　　　　　　　　　111013580

Original title: Do You Read Me? – Bookstores Around the World
Original edition conceived, edited and designed by gestalten

Contributing editor: Marianne Julia Strauss / Edited by Robert Klanten and Maria-Elisabeth Niebius / Preface by Jürgen Boos
Texts by Marianne Julia Strauss except pp 44-47: Jen Campbell, pp 88-91: Fiona KIllackey, pp 136-139: Alison Flood
Editorial management by Lars Pietzschmann / Design, layout and Cover by Stefan Morgner
Cover illustration by Marc Martin / Backcover images by FiLBooks (left), Books Are Magic (top right), Book Therapy / Mischa Babel (middle left), Cărturești Carusel / Cosmin Dragomir (middle right), Cafebrería El Péndulo / Eduardo Aizenman (bottom right) / Endpaper illustrations by Johanna Posiege

Published by gestalten, Berlin 2020 Copyright © 2020 by Die Gestalten Verlag GmbH & Co. KG
All rights reserved. No part of this publication may be used or reproduced in any form or by any means without written permission except in the case of brief quotations embodied in critical articles or reviews.

For the Complex Chinese Edition Copyright © 2022 by Cube Press
This edition is published by arrangement with Gestalten through The Paisha Agency

【印刷版】
2022年9月29日　初版一刷
售　價／NT$990
ISBN 978-986-459-442-9
Printed in Taiwan.

【電子版】
2022年9月
ISBN 978-986-459-443-6（EPUB）

有著作權・侵害必究